W0354219

Die Seele der Tiere

Walter Schels

Mit Texten von Sabine Schwabenthan

Die Seele der Tiere

Gesichter | Gefühle | Geschichten

Weltbild

Die Verwertung der Texte und Bilder, auch auszugsweise, ist ohne Zustimmung des Verlags urheberrechtswidrig und strafbar. Dies gilt auch für Vervielfältigungen, Übersetzungen, Mikroverfilmung und für die Verbreitung mit elektronischen Systemen.

Genehmigte Lizenzausgabe für Verlagsgruppe Weltbild GmbH, Steinerne Furt, 86167 Augsburg

Copyright
© 2008 by Bassermann Verlag, einem Unternehmen der Verlagsgruppe Random House GmbH, 81673 München

Copyright der Originalausgabe
© 2000 by Mosaik Verlag München, einem Unternehmen der Verlagsgruppe Random House GmbH, 81673 München

Umschlaggestaltung: Büro 18, Friedberg
Umschlagmotiv: Walter Schels
Gesamtherstellung: Neografia, a.s. printing house, Martin
Printed in the EU
978-3-8289-3104-6

2012 2011 2010
Die letzte Jahreszahl gibt die aktuelle Lizenzausgabe an.

Einkaufen im Internet: *www.weltbild.de*

INHALT

Vorwort ... 6
Adler ... 8
Katze ... 12
Affe ... 22
Huhn ... 28
Bär ... 36
Frosch ... 40
Ziege ... 44
Eule ... 50
Maus ... 54
Hund ... 58
Falke ... 70
Ratte ... 74
Löwe ... 78
Hase ... 82
Fuchs ... 88
Gans ... 92
Elefant ... 96
Schwein ... 100
Rabe ... 104
Pferd ... 108
Skorpion ... 112
Schaf ... 116
Wolf ... 122
Taube ... 126
Fisch ... 130
Storch ... 134
Schlange ... 138
Rind ... 142
Esel ... 146

Zoologische Steckbriefe ... 150

VORWORT

Als Kind wohnte ich mit meinen Eltern und fünf Geschwistern am Rande der Stadt, umgeben von Wald und einem großen Garten mit Obstbäumen. Unsere beiden Katzen, Miezi und Molli, schliefen oft in meinem Bett, sie waren meine Tröster in einsamen Stunden. Dabei waren beide eigentlich nicht zum Liebhaben da, sondern zum Mäusefangen, denn Mäuse gab es genügend im Haus. Manchmal kamen Katzenbabys unter der Federdecke neben meinen Füßen zur Welt, ohne dass ich davon aufwachte. Am Morgen lagen dann ein paar blinde, nackte Kätzchen da. Wenn wir gerade eines brauchen konnten, blieb es bei uns. Die anderen wurden verschenkt oder getötet. Tagelang suchte die Mutter dann miauend ihre Kinder, und kein Streicheln konnte sie trösten.

Wir hatten auch einen Schäferhund, der das Haus bewachte. Anders als die Katzen war er für mich kein Schmusetier, sondern eher der zuverlässige, treue Freund. Als er starb, war ich sehr traurig. Wie die Katzen Miezi und Molli bekam er im Garten ein Grab, mit Blumen und einem Kreuz dazu.

Außerdem gab es noch Hühner, Kaninchen, manchmal auch Gänse und im Stall zwei Schweine. Alle Tiere im und ums Haus waren Nutztiere. Aus den Gänsen und Schweinen wurden Braten, Kopfkissen, Würste – es war Krieg und nicht die Zeit für Sentimentalitäten. Die Methoden waren primitiv, mein Vater benutzte zum Schlachten nur ein Messer und ein Beil. Am Tag vor dem Schlachten schlich ich mich in den Stall, umarmte ein letztes Mal mein Schweinchen und konnte nicht glauben, dass ich es nie wieder streicheln sollte.

Ich habe auch Hühner gesehen, die ohne Kopf und Blut verspritzend durch die Luft flatterten. Aber am schlimmsten waren die gellenden Schreie der Schweine, ich hielt mir die Ohren zu, hinterher habe ich oft geweint. Wahrscheinlich rührt daher bis heute mein Widerwille gegen Blut- und Leberwurst.

Auch ein Erlebnis mit einer Maus werde ich nie vergessen. In unserem Garten gab es einen Schuppen mit kleingehacktem Holz zum Heizen. Eines Tages stapelte ich ein paar Scheite in meinen Korb, und plötzlich lag vor mir ein Mäusenest, voll mit winzigen Mäuschen. Die Mäusemutter sprang in letzter Sekunde aus dem Nest, versteckte sich aber ganz nahe und ließ ihr Nest keinen Moment aus den Augen. Ich blieb regungslos stehen und wartete ab, was nun geschehen würde. Und tatsächlich: Die Maus, die meine Nähe als lebensbedrohlich empfunden haben musste, holte unter größter Gefahr jedes ihrer Jungen, eines nach dem anderen, aus dem Nest und versteckte sie. Ich hatte eine große Achtung vor dieser Maus, und seitdem mag ich Mäuse. Zugleich habe ich damals zum ersten Mal darüber nachgedacht, was wohl Liebe, Mutterliebe und Muttertriebe unterscheidet.

Vor vielleicht zwanzig Jahren begann ich, Tiere zu porträtieren. Nicht als Schnappschuss, sondern genau so, wie ich auch Menschen fotografierte: vor neutralem Hintergrund, mit Studioblitzlicht. Und wie beim Menschen suchte ich auch bei den Tieren den direkten Blickkontakt und die unmittelbare Nähe. Ursprünglich waren meine Menschenporträts die Vorbilder für gute Tierporträts gewesen. Irgendwann kehrte es sich um. Ich war froh, wenn mir beim Menschen ein »tierisches« Porträt gelang. Unverfälscht, direkt, ohne Theater, ohne zu hinterfragen: »Wie sehe ich aus, was mache ich falsch, wie komme ich an?«

Tiere haben keinen Spiegel und darum vielleicht auch weniger oder gar keine Komplexe wegen ihres Aussehens. Dennoch sind Mensch und Tier mehr oder weniger artverwandt. Manchmal glaubt man sogar, Ähnlichkeiten mit gewissen Tieren in menschlichen Gesichtern wiederzufinden.

Danken möchte ich allen, deren Tiere ich fotografieren durfte und die mir behilflich waren, Tier- und Wildparks, Privatpersonen und besonders Gerd F. Kunstmann in Hamburg.

Walter Schels, Hamburg, Juli 2000

Einmal begleitete ich meine Mutter, ich war damals neun, zu einem Fischgeschäft auf dem Markt. Ein Teil der Ware lebte in einem sprudelnden Wasserbecken. Für eine Kundin holte der Händler einen großen, blauschimmernden Fisch aus dem Wasser. Ohne sein Gerede über die Theke hinweg zu unterbrechen, ja, ohne überhaupt hinzuschauen, schlug er dem um sein Leben zappelnden Tier den Kopf ab. Ich fing an zu weinen, was meiner Mutter sehr peinlich war. Später erklärte sie mir, dass wir Tiere essen müssen, um zu leben, so wie die meisten Tiere ihrerseits andere Tiere töten.

Sie hatte nicht richtig bemerkt, warum ich so geschockt war. Ich hätte es ihr auch gar nicht erklären können, damals fehlten mir die Worte. Heute weiß ich, es war die Gedankenlosigkeit, mit der dieser Mann getötet hatte, seine Gleichgültigkeit dem Leben und dem Tier gegenüber. Das Erlebnis brachte mich dazu, von da an genauer zu beobachten, wie Menschen mit Tieren umgehen.

Später, als ich schon erwachsen war und mit vielen Katzen zusammengelebt hatte, passierte etwas, das mich sehr prägte. Chrissy war eine Findelkatze, ausgesetzt an einer Tankstelle mitten in München, ein Tiger mit weißem Latz und kräftigen Pfoten. Als er fünfzehn Jahre alt war, wurde er von einem Auto überfahren. Am Abend bevor es passierte, verhielt er sich ungewöhnlich. Er, der nie eine Schoßkatze sein wollte, sprang auf meinen Schoß, drückte sich in meine Arme, wandte dabei immer wieder den Kopf zu mir und blickte mich so lange an, dass mir ganz komisch wurde. Auch die anderen Familienmitglieder berichteten über intensive Erlebnisse mit Chrissy in seinen letzten Lebenstagen. Für uns alle war klar: Der Kater hatte von uns Abschied genommen.

Dieses Erlebnis stimmt mich bis heute nachdenklich. Mit immenser Akribie haben wir Menschen die Tierwelt erforscht, den Hundertausenden von Arten einen Namen gegeben, ihre Lebensgewohnheiten beobachtet, aber was wissen wir wirklich über Tiere? Besser gesagt: Was ist es, das wir nicht wissen?

Vom Erlebnis mit meinem Kater erzählte ich damals nur wenigen Menschen, als Tierliebhaber steht man ja leicht im Ruf zu spinnen. Dann sah ich einmal einige Tierfotos von Walter Schels. Ich war sehr betroffen, und gleichzeitig erleichtert.

In den Porträts fand ich wieder, was inzwischen zu einer Art Gewissheit für mich geworden war: dass Tiere Persönlichkeit besitzen. Ja, sogar die »dummen« Schafe schauen uns darauf wach und präsent an. Sofort als ich die Fotos sah, hatte ich den Wunsch, sie so vielen Menschen wie möglich zu zeigen. So ist dieses Buch entstanden, ein Buch, das alles andere sein will als neutral, wissenschaftlich oder objektiv. Auch geht es ihm nicht darum, Beweise für die Existenz einer Tierseele zusammenzutragen (was ohnehin nicht ginge). Seinen Titel bekam es, weil darin Gesichter zu sehen sind, die es uns ziemlich schwer machen, Tieren ein interessantes Innenleben mit einer großen Vielfalt an Gefühlen und Vorstellungen abzusprechen.

Wissenschaftler warnen in dieser Frage immer schnell vor »Vermenschlichung«, schließlich besitze nur der *Homo sapiens* eine Bewusstsein schaffende Großhirnrinde. Stimmt, bei Tieren ist das Gehirn sehr viel weniger oder einfach anders entwickelt, aber was sagt das wirklich über sie aus?

Natürlich, schon allein vorurteilsfreier an diese Frage heranzugehen, konfrontiert uns mit einer unangenehmen Wahrheit: dass wir Tieren, egal, ob Schlachttier oder aussterbendes Wildtier, viel Schlimmes antun. Ein Teil davon ist unvermeidlich, denn Leben frisst Leben – diesem Naturgesetz sind die Menschen ebenso wie die Tiere unterworfen. Aber vielleicht gehört es zur Menschlichkeit, sich das bewusst zu machen, das damit verbundene Gefühlsdilemma zu ertragen und das Sterben von Tieren ebenso wie ihr Leben zu ehren.

Sabine Schwabenthan, München, Juli 2000

ADLER

Schon der Name sagt, wie hoch der Mensch den Adler schätzt. Das Wort kommt aus der mittelalterlichen Bezeichnung Edel-Aar, was soviel wie Edler Vogel heißt. So alt wie die Menschheit ist der Respekt für diesen größten unter den Greifvögeln. Doch wie lässt sich das zusammenbringen? Einerseits gilt der Adler als Symbol militärischer und politischer Macht; er schmückte die Standarten römischer Legionäre und gehört noch heute zum Staatswappen solcher Supermächte wie USA und Deutschland. Andererseits wird der Aar aber auch seit alter Zeit als Sendbote der Götter beschrieben, als christliches Symbol für Erlösung von Machtstreben und anderen Egotrips. Es ist eben auch hier alles eine Sache der Perspektive. Schaut man den Greifvogel aus der Nähe an, fallen tatsächlich vor allem die wuchtigen Krallen, der gefährliche Schnabel und der distanzierte Blick auf. In die Gefühlssprache des Menschen übersetzt: Mit seinen messerscharfen Waffen, dem markigen Gesicht und den durchdringend kalten Augen sieht der Adler aus wie ein zu allen Grausamkeiten entschlossener Feldherr. Doch richtet man seine Aufmerksamkeit weniger auf den Vogel als auf dessen Flug, nimmt man etwas anderes wahr: ein geflügeltes Wesen, das sich hoch und höher in den Himmel schraubt, bis es in der Sonne zu verschwinden scheint. Ein archetypisches Bild für die Seele auf ihrem Flug ins reinigende Feuer, von dem sie neugeboren zurückkehrt – wie der Phönix aus der Asche.

Mit der Bewunderung der Menschen ist das aber immer eine zweischneidige Sache. Was ihm gut gefällt, will der *Homo sapiens* nicht nur aus der Ferne bestaunen, sondern auch haben. Bis in jüngste Zeit hinein wurden Adler auf der ganzen Welt gejagt; der Besitz ihrer prächtigen Schwungfedern sollte Mut und Weisheit verleihen. Auch erfundene Missetaten der Greifvögel waren willkommenes Alibi für menschliche Killerinstinkte. Weil sie im Ruf standen, Babys zu kidnappen, wurden Adler im 19. Jahrhundert erbarmungslos verfolgt. Heute stehen sie unter Naturschutz, vor allem der imposante Seeadler, von dem nur noch wenige Pärchen in Deutschland leben. Aber auch der in den Alpen wohnende prächtige Steinadler – kaum 650 Gramm schwer und doch ein Riese mit seiner Flügelspanne von mehr als zwei Metern.
Eine einfache Steinspalte, ein kleiner geschützter Felsvorsprung – das reicht dem Adler als Wohnung, solange er noch unverheiratet ist. Wählerisch ist er aber, was die Lage betrifft. Besonders gefragt ist

Bergseite mit Morgensonne, dort lassen sich am besten die thermischen Aufwinde für energiesparende Flüge nutzen. Erst wenn die Single-Zeit vorbei ist, macht sich der Adler an den Bau eines Horsts, gemeinsam mit seiner Partnerin, die er übrigens buchstäblich im Flug erobert hat: Bei aufwendigen Flugmanövern zeigt ein Adlermann dem erwählten Weibchen, was in ihm steckt. Ausgiebig trainiert das verlobte Paar erst mal auf vielen gemeinsamen Ausflügen seine Teamfähigkeit. Wichtig ist vor allem die Kunst, sich Beute in der Luft zuzuwerfen und geschickt aufzufangen.

Haben sie sich einmal gefunden, bleiben Adlerpaare in der Regel zusammen. Doch mit dem Jungekriegen lassen sie sich oft Zeit. Das hat nichts mit Bequemlichkeit zu tun, sondern entspricht einer realistischen Einschätzung des gemeinsamen Energiebudgets. Das Überleben ist schon für jeden einzelnen Adler hart genug, umso mehr für eine ganze Familie. Zwei Eier legt das Weibchen, aber nur in Zeiten superguter Beutekonjunktur kommen beide Junge durch. Unmengen von Mäusen und anderen Beutetieren müssen die Alten beibringen, um ihre Jungen großzuziehen und dabei auch noch den eigenen, durchs viele Jagen erhöhten Energiebedarf zu decken.
Das bedeutet harte Arbeit, denn die Zahl der Jagdstöße, die Adler für einen einzigen Erfolg starten müssen, ist hoch. Wann immer möglich, fliegen sie daher auf Sparflamme, am liebsten im ökonomischen Gleit- oder Segelflug, der ein Minimum an Flügelschlägen erfordert.
Einem Adler einmal in die bernsteinfarbenen Augen geschaut, und schon hat man ihn selbst – den sprichwörtlichen Adlerblick, glaubten Jäger früher. Was aber genau genommen kein Segen wäre. Denn für die Belange des *Homo sapiens* taugt der Panoramablick der großen Greifvögel so gut wie gar nicht. Der Adler sieht zwar weit und aus höchster Höhe, doch wirklich präzise nur, was sich bewegt. Buchstaben oder Flecken auf dem Tischtuch könnte er ebenso wenig erspähen wie eine regungslose Maus. Die Spekulation ist ohnehin überflüssig, denn wer hat schon das Glück, einem lebenden Adler in die Augen zu schauen? Von einer nahen Adler-Mensch-Gemeinschaft ist nur in Mythen und Legenden die Rede. Die berühmteste ist auch die unattraktivste: An einen Fels geschmiedet musste sich der antike Feuerdieb Prometheus von einem Adler, einem Sendboten des Göttervaters Zeus, die Leber zerknabbern lassen. Dagegen erzählen viele andere alte Geschichten von gütigen Riesenvögeln, die jedem Menschen helfen, sofern er gute Absichten hat.

Im wahren Leben ist die Mensch-Adler-Beziehung weniger von Zärtlichkeit geprägt als von Zweckdenken – wie etwa bei den Mongolen, die mit abgerichteten Adlern auf die Jagd gehen. Andererseits gibt es aber auch eine rätselhafte Vogelsucht, die den *Homo sapiens* befallen kann und nicht mehr loslässt. Vor allem naturverbundene Menschen finden nichts schöner als Vogelbeobachtung per Fernglas. Nur selten und meist nur kurz bekommen sie dabei auch den König der Lüfte, den Adler, zu Gesicht. Aber wenn es passiert, fliegt die Seele ein Stück mit ihm in den Himmel.

KATZE

Niemand kann so vorwurfsvoll blicken wie die Katze, weshalb der Mensch, der sie liebt, häufig von leichten Gewissensbissen gequält wird. Man macht aber auch zu schnell etwas falsch mit einer Katze. Schon kleine menschliche Schwächen, über die der Hund großzügig hinwegwedeln würde, können abgrundtiefe Verachtung im Katzengesicht auslösen. Vielleicht liegt es daran, dass Katzen von Haus aus sehr achtsame Wesen sind und von ihrem Menschen ähnlich gute Manieren erwarten. Wenn sie mit knapp drei Monaten von ihren Müttern in die Welt entlassen werden, haben sie in Sachen Sauberkeit und Hygiene eine sehr gute Erziehung genossen und sind auch, was ihre Lebens- und Überlebensformen anbelangt, hervorragend ausgebildet. So beeindruckt waren die alten Ägypter von der Gebärfreudigkeit und den pädagogischen Leistungen der Katzenmütter, dass sie ihre katzenköpfige Göttin Bastet nicht nur als Schutzpatronin der viel geliebten Tiere, sondern auch als Mutter- und Fruchtbarkeitsgöttin verehrten. Frauen, die auf Kindersegen hofften, trugen damals um den Hals kleine Amulette mit dem Abbild der Tiergöttin und des Mondes.
Zurück zum Alltag, in dem der *Homo sapiens* leider ständig in irgendwelche Fettnäpfchen tritt, wenn er mit einer Katze zusammenlebt. Mal stimmt das Futter nicht, dann wieder die zu großzügig verabreichten Streicheleinheiten. Es kann schon geradezu beleidigend sein, wie die eigentlich sprichwörtliche Schmusekatze ihren Menschen abfahren lässt, wenn er sie zur Unzeit berührt. Aber im Grunde müssten solche Missverständnisse nicht passieren. Die Grundregel im Zusammensein mit Katzen besteht einfach darin, den üblichen Verhaltenskodex auf den Kopf zu stellen: Der Mensch hat sich dem Willen der Katze zu fügen, nicht umgekehrt. Das ist schon so oft gesagt worden, dass es fast wie ein Klischee klingt, aber es stimmt wirklich.

Wie hat die gemeinsame Geschichte von Mensch und Katze eigentlich angefangen? Es muss Liebe auf den ersten Blick gewesen sein, jedenfalls auf Seiten der Menschen. Bei Ausgrabungen in der Türkei wurden neuntausend Jahre alte Tonstatuetten gefunden, die Frauen mit üppigem Busen und katzenartigen Tieren in den Armen darstellen. Besonders katzennärrisch waren die alten Ägypter, die als erste afrikanische Falbkatzen domestizierten und damit vermutlich den genetischen Grundstock für alle Hauskatzen der Welt legten. Eine kostbare Rarität waren die Katzen dort, sie wurden geschmückt, gefüttert, gestreichelt, bei ihrem Ableben schmerzlich betrauert und in kleine, verzierte Holzsärge

gelegt. Manche Historiker sagen zwar, die Ägypter hätten sich die Katzentiere nur aus pragmatischen Gründen ins Haus geholt, als Mäuse- und Schädlingsbekämpfer für ihre prall gefüllten Kornspeicher. Aber dieses Nutzdenken sollte man wohl eher den alten Römern unterstellen. Sie klauten die eine oder andere ägyptische Katze, um die Getreidevorräte auf ihren Schiffen zu schützen. Weil die Tiere dann in Rom oder anderswo von Bord gingen, ist die Hauskatze allmählich in die ganze Welt gelangt, hat sich dort mit den regionalen Wildkatzen vermischt, und so sind dann mit der Zeit aus den hochbeinigen, langnasigen ägyptischen Katzen die unterschiedlichsten Rassen hervorgegangen. Dies jedenfalls ist die plausibelste Theorie über die weltweite Verbreitung der Hauskatzen, aber ob sie wirklich auch die letzte Wahrheit ist, weiß man nicht so genau. Einigermaßen sicher kann man dagegen annehmen, dass die Katzenliebe der alten Ägypter für deren Erzfeinde, die Juden, Grund genug war, das Tier mit keiner einzigen Zeile im heiligsten ihrer Bücher, der Bibel, zu erwähnen.

Missachtung erfuhr das Katzentier später auch im von Dämonenfurcht geschüttelten ausgehenden Mittelalter, vor allem wenn es ein schwarzes Fell besaß. Auf dem Höhepunkt der kollektiven Hexenparanoia genügte es oft schon, dass eine Frau mit einer Katze schmuste, um beide auf den Scheiterhaufen zu schicken. Warum das geliebte Haustier plötzlich in dämonischen Ruf geraten war, mag mit dem Hass der Inquisitoren auf alles provozierend Weibliche und alles Heidnische zusammenhängen. Hartnäckig und heimlich hatte sich nämlich im mittelalterlichen Volk das Vertrauen in die Segen spendende Mutter- und Liebesgöttin Freya gehalten. Und diese lichteste aller germanischen Göttergestalten, die dem Freitag ihren Namen gab, wurde auf allen ihren Wegen von vier prächtigen Wildkatzen begleitet.

Die Katze sei ein typisches Frauentier, wird zwar hartnäckig behauptet, aber es stimmt nicht.
Allein ein kurzer Blick in die Geschichte zeigt, dass sich auch Männer aller Zeiten – Könige, Künstler und Poeten – hingebungsvoll um ihre Katzenlieblinge kümmerten und sie als lebende Wärmflaschen in die Betten holten. Bei so viel Nähe kann man sich nur wundern, wie gut die Katze ihre eingangs erwähnte Selbständigkeit und ihr unbestechliches Anderssein bewahrt hat. Genauso geheimnisvoll ist die Tatsache, dass auch heute noch alle Katzen die gleiche (Körper-)Sprache sprechen, egal, welcher der kaum noch zählbaren Rassen sie angehören. Weshalb ein Mensch, der gelernt hat, Katzen zu verstehen, mit einer hochgezüchteten schottischen Faltohrkatze ebenso klarkommt wie mit dem mageren Streuner, der ihm in der südländischen Taverne um die Beine streicht. Vielleicht gibt es eben tatsächlich eine Katzengöttin, die über ihre Schützlinge wacht, sie ermahnt, Katze zu bleiben und nicht ganz in der Welt des *Homo sapiens* aufzugehen. Doch warum nur ist das Katzenglück so ungerecht verteilt? Warum müssen viele Katzen ein armseliges Leben am Rande des Existenzminimums führen, während andere auf Seidenkissen schlafen? Der Ratschluss der Katzengöttin ist eben unerforschlich.

AFFE

Eine Affenschande ist das eigentlich. Da haben doch tatsächlich die Menschenaffen in Neuseeland so etwas wie Menschenrechte bekommen. Politisch korrekt wäre es aber, ihnen Affenrechte zuzusprechen, wie überhaupt jedem Tier seine eigenen Rechte zustehen, auch noch dem scheinbar Geringsten unter ihnen, sagen wir mal dem Regenwurm. In erster Linie handelt es sich um das Grundrecht, auf der Erde zu leben, und zwar so, wie es der jeweiligen Art gut tut. Aber da der *Homo sapiens*, zoologisch betrachtet ein naher Verwandter des Affen, nun mal so beschaffen ist, dass er bestenfalls seinesgleichen so richtig respektiert, müssen die Affen vielleicht doch erst mal Menschenrechte bekommen. So wird ihnen endlich persönliche Würde zugestanden, und vielleicht bleiben ihnen dann in Zukunft auch Dinge erspart, wie etwa das Dahinvegetieren in Laborkäfigen oder die tägliche Begucke durch Zoobesucher.

Affe ist nicht gleich Affe – widmen wir uns also hier dem Schimpansen, der sich ebenso wie Gorilla, Orang-Utan und Bonoboäffchen zu den Zacken an der Krone der Schöpfung zählen kann. Mit seinem gut entwickelten Gehirn vermag er nämlich vieles, das den *Homo sapiens* schwer beeindruckt: Zum Beispiel hat er nie im Leben ganz ausgelernt, bleibt flexibel im Kopf, kann die unmittelbare Zukunft vorausplanen, neue Lösungen für neue Probleme finden, Werkzeuge bauen, spielen, tricksen und sich überaus charmant verhalten. Sein höchstes Adelsprädikat aber ist das Selbstbewusstsein, nach menschlichen Kriterien der Kern einer Persönlichkeit. Dass er um sich selbst weiß, hat der Schimpanse im so genannten Spiegeltest bewiesen. Nein, eine Katze schaut gelangweilt zur Seite, wenn man ihr einen Spiegel vorhält, und eine Fliege kriecht gleichmütig darüber hinweg wie über jede x-beliebige glatte Fläche. Aber der Schimpanse erkennt, dass wer ihn da anschaut und jede seiner Bewegungen nachäfft, niemand anderer ist als er selbst.
Ja, es ist schon faszinierend, wenn ein Schimpanse vor dem Spiegel anfängt, in seinem Gesicht herumzuzupfen oder sich Schmutz von der Stirne zu popeln. Aber beweist der Versuch wirklich, Affen seien mehr wert als Katzen oder Fliegen? Ehrlich gesagt zeigt der Test doch nur, dass Schimpansen ähnlich ticken wie der *Homo sapiens*. Und genau das macht sie, viel mehr als ihre beeindruckenden Leistungen, zu so aufregenden Mitlebewesen für uns. Denn von allem, was da kräucht und fleucht, können wir Menschen die Menschenaffen am besten

verstehen, und so werden sie zu Mittlern zwischen uns und dem großen, geheimnisvollen Reich der Tiere. Einer Welt übrigens, die wir in Gedanken und Gefühlen so weit von der unsrigen getrennt haben, dass wir manchmal in all unserem Menschsein ziemlich einsam dastehen.

Hier bin ich und dort der gesamte Rest der Welt – aus dieser *splendid isolation* können uns die beeindruckenden Menschenaffen am besten wieder rausholen. An dieser Stelle sei besonders der Schimpansin Washoe gedacht und gedankt, die sich der Mühe unterzog, eine menschengemachte Sprache, die Gestensprache der Gehörlosen, zu erlernen und den Menschen damit Einblicke ins Innenleben der Affen gewährte. Dabei wurde deutlich, dass Schimpansen nicht nur um ihr Ich, sondern auch um ein weiteres großes Geheimnis ahnen, nämlich ihre Endlichkeit, womit keineswegs behauptet werden soll, andere Tiere wüssten nichts vom Tod.

Ja, der nahe Kontakt mit einem Menschenaffen kann eine sehr erhellende Erfahrung sein – für den *Homo sapiens*, und hoffentlich auch für den Affen. Wunderbare Momente erlebte beispielsweise die Forscherin und menschliche Allmutter der Schimpansen, Jane Goodall, wenn sie mit ihren Tieren wortlos über die Artenschranke hinweg kommunizierte, etwa durch einen verständnisvollen Händedruck oder eine unmittelbare Geste der Freundschaft. Aber reichlich ernüchtert musste sie doch auch feststellen, dass die lustigen Schimpansen nicht nur freundlich und klug sind, sondern grausame Kriege gegen ihresgleichen führen, was man auf der Erde sonst nur vom *Homo sapiens* und einigen wenigen Tierarten kennt.

So hält der Affe dem *Homo sapiens* gelegentlich den Spiegel vor, weshalb viele Menschen die Schimpansen und Gorillas nicht nur mit Freude, sondern auch mit Unbehagen betrachten. Zu vertraut und gleichzeitig fremd sind das fast menschliche Antlitz, der Körper, das Bewegungsrepertoire. Diese tiefen Runzeln, die Krähenfüße, die gelben Zähne, die eigentlich schönen, schlanken, aber seltsam gefärbten Hände, der behaarte Körper – haben auch wir mal so hässlich ausgesehen? Nein, die Theorie, der *Homo sapiens* stamme vom Affen ab, ist längst überholt, und überhaupt – was heißt schon hässlich? Wer weiß, ob es den Affen nicht ihrerseits graust beim Anblick von uns nackten Affen.

Schönheit hin, Schönheit her: Im Gesicht des Affen spiegeln sich Gefühle wider, die wir Menschen gut von uns selbst kennen. Und in dieser Frage sollten wir mehr unserem Herzen vertrauen als dem unausrottbaren Vorurteil, Gefühle seien dem Menschen vorbehalten. Nein, den Affen kann man einfach glauben, was man in ihrem Gesicht zu sehen bekommt: Sie sind fröhlich, zärtlich, schalkhaft, beleidigt, nachdenklich, zornig, ratlos, schüchtern, verschämt, traurig und und und... In ihren Augen (sofern sie uns Menschen erlauben hineinzuschauen) steckt eine seltsame Mischung aus Jugend und Alter, aus Unbekümmertheit und abgrundtiefer Weisheit. Was ist es nur, was Affen wissen, das wir nicht wissen und sie deshalb auch gar nicht fragen können? Die Antwort liegt wohl jenseits unseres Horizonts.

HUHN

Da lachen ja die Hühner? Nein, die meisten Hühner haben heute nichts mehr zu lachen. Endgültig passé ist die gute alte Zeit, in der sie noch ganz Huhn sein durften. Ob Thüringer Barthuhn, Haubenhuhn oder weißes Leghorn, alle die unterschiedlichen Haushühner haben einen gemeinsamen Vorfahren: das Rote Dschungelhuhn (Bankivahuhn). In den lichtdurchfluteten Wäldern Südostasiens lebte es einst, schlief nachts auf Bäumen und scharrte tags nach Hühnerherzenslust leckere, hormonfreie Samen, Knospen und Würmer aus dem Waldboden. Stolz waren die Bankivahähne, so wie ein gesunder Hahn es auch heute noch ist. Rechtzeitig zur Balzzeit entwickelten sie ein prachtvolles Schwanzgefieder, das sie im Sommer gegen ein bescheideneres Ruhekleid auswechselten. Laut krähend nahm jeder sein Revier in Besitz, lockte stimmgewaltig drei bis fünf Hennen herbei und konnte sich von Stund an ganz seinen Geschäften als Hausherr widmen.

Ja, das war ein schönes Hahn- und Hennenleben, und manche Nachfahren des Roten Dschungelhuhns haben es ja heute noch ähnlich gut. Doch vielen geht es so schlecht, dass das hier einfach mal in aller Deutlichkeit gesagt werden muss. Eine sprichwörtlich gute Mutter ist die Glucke ja eigentlich; kaum sind die Küken geschlüpft, ruft sie diese zärtlich herbei und verstaut sie unter ihren Federn. In den Genuss dieser wärmenden Liebe kommt heute kaum noch ein Küken. In einem herzlosen Brutschrank beginnt sein Leben, wo es zum Erbarmen nach der Glucke piept und ruft. Wissenschaftler haben nachgewiesen, dass die Antwortrufe der Mutter den »lernrelevanten Teil« des Kükengehirns in hohem Maß stimulieren und fürs Hühnerleben fit machen. Aber wen kümmert schon der lernrelevante Teil eines Kükens, wenn es, falls männlichen Geschlechts, sowieso am ersten Lebenstag aussortiert und vergast wird? Auch seinen Schwestern steht kein Dasein bevor, in dem irgendetwas von der natürlichen Hühnerintelligenz gebraucht würde. Zuerst wird den Kükenmädchen der empfindliche Schnabel brutal kupiert, damit sie sich nicht später in der qualvollen Enge ihrer Käfige gegenseitig verletzen. Immer nur in künstlichem Tageslicht, hochgeputscht zu unnatürlichen Legeleistungen, nicht ein einziger Spaziergang, kein einziges Mal die Lust des Scharrens in den Füßen gespürt: Das ist ihr erbärmliches Leben. Eigentlich kann ein Huhn an die zehn Jahre alt werden, in der Legefabrik ist es meist schon nach zwei Jahren so ausgelaugt, dass es

geschlachtet wird. Details über diesen Vorgang sollen uns hier erspart bleiben.
Armes, armes Huhn! Dabei hatte sich die Beziehung zum Menschen gar nicht so übel angelassen. Irgendwo im Industal, im dritten vorchristlichen Jahrtausend, soll es begonnen haben: Der Mensch fing das Huhn, weil er es damals für ein frommes Wesen hielt, das seinem Besitzer göttlichen Segen versprach. Das Zentrum der vorhinduistischen Kosmologie war nämlich die Sonne, und kaum ein anderes Lebewesen richtet sein Leben so sichtbar nach dem Tageslicht aus wie das Huhn. Der morgendliche Sonnengruß des Hahns hat aber nicht nur die Inder beeindruckt, sondern alle Kulturen, die später, über verschlungene Umwege, das Geflügel kennenlernten. »In der Morgenfrühe singend« bedeutet wörtlich übersetzt das griechische Wort für Hahn. Und das germanische *Hanas*, aus dem Hahn wurde, heißt schlicht »Sänger«. Heilkraft wurde dem Hahnengesang noch bis in die Neuzeit zugeschrieben. »Mit dem Hahnenschrei legt der Räuber seinen Dolch zur Seite, und das Wohlbefinden des Kranken stellt sich wieder ein«, schreibt Kirchenvater Ambrosius, wohl wissend, dass gegen Morgen das Fieber sinkt und der Kranke in einen erquickenden Schlaf fallen kann.
Mit einem Hahn bedankten sich auch schon die alten Griechen bei ihrem Heilgott Äskulap für Genesung nach schwerer Krankheit. Buchstäblich in letzter Minute, als das Schierlingsgift schon in seinen Knochen wirkte, erinnerte sich Sokrates an eine noch offen stehende Rechnung mit dem gütigen Gott. Die an seinen Schüler Kriton gerichtete Bitte, dem Äskulap einen Hahn zu opfern, waren seine letzten Worte.
Schade fürs Huhn, dass dem *Homo sapiens* nicht nur die Morgengrüße des Hahns und das geschäftige Gackern der Hennen gefielen. Auch etwas anderes war ihm nicht verborgen geblieben: »Vögel, die täglich gebären«, nennt ein altägyptischer Text die Hühner. Und die täglich »geborenen« Eier wurden rasch als Delikatesse erkannt, ebenso wie das Fleisch junger Hühner und kastrierter Hähne. Neben den neuen Tafelfreuden entdeckten die Menschen auch den zweifelhaften Reiz des Hahnenkampfs. So beliebt waren die blutigen Spiele im alten Athen, dass die Stadtverwaltung deren Organisation übernahm und dabei mächtig fürs Stadtsäckel abkassierte.

Wie kam der Hahn später zur Ehre, für die Glorie der französischen Nation zu krähen? Wären Löwe oder Adler nicht passendere Staatssymbole gewesen? Die Wahl hatte erst mal rein sprachliche Gründe: *Gallus* heißt der Hahn im Lateinischen, was so ähnlich klingt wie Gallier, Name eines Volkes, als dessen Nachfahren sich die Franzosen verstehen. Mit ihrem Wappentier waren und sind sie sehr zufrieden. Ist der Hahn nicht auch Symbol für den Supermann, der mit stolzgeschwellter Brust herumspaziert, den Mädels gefällt, die Ehefrau am straffen Zügel führt und etwaige Rivalen per Hackordnung zur Räson bringt? Heutzutage nennt man so was ja auch einen Macho. Aber noch nie haben Hennen das Bedürfnis gezeigt, sich vom Hahn zu emanzipieren. Vielleicht der Grund, warum man manchmal auch von verrückten Hühnern spricht.

BÄR

Was der Bär fühlt und denkt, sieht man ihm nicht an. Es sind diese zotteligen Fellbacken, der runde Kopf mit der hohen Stirn, die kleinen Ohren, die ihn lieb aussehen lassen, auch wenn er schlechter Laune ist. Das hat ihm den Ruf beschert, falsch und böse zu sein, dabei ist der Bär ja nicht auf der Welt, um den Menschen zu gefallen. Lässt der *Homo sapiens* ihn in Ruhe, führt er ein bäriges, sprich sinnvolles Leben. Selbst wenn er klein daherkommt wie der mexikanische Wickelbär, ist er doch nie ein Teddy, sondern eine gestandene Tierpersönlichkeit.

Dreißig verschiedene Brummlaute haben Zoologen identifiziert. Aber wer weiß, ob das schon alles ist, was Bären sich zu sagen haben. Die wortlose Sprache ihrer Gesten und Signale müsste der *Homo sapiens* erst lernen, soll es keine Missverständnisse geben. Da leckt sich beispielsweise der Braunbär über die Schnauze. Heißhunger auf Menschenschinken? Falsch. Durch Befeuchten seines Riechorgans will er nur erfassen, was in der Luft liegt. Braunbären können gut hören, sehr gut sehen und phänomenal gut riechen. Ihre Riechschleimhaut ist hundertmal größer als die des Menschen. Delikatessen wie Essensreste auf Picknicktellern oder Butterkekse im Wanderrucksack kann der Bär noch aus dreißig Kilometer Entfernung erschnuppern. Wie lecker müssen für ihn dann erst der frische Bärlauch, die Himbeeren, Sauerampferhalme oder Steinpilze zu seinen Füßen duften? Das Lebensgefühl einer Supernase wie der Bär können wir Menschen uns kaum vorstellen mit unserer vergleichsweise dürftigen Riechfähigkeit.

Die gute alte Bärenzeit: Von der Arktis bis ins griechische Arkadien auf dem Peloponnes gehörte die gesamte nördliche Halbkugel dem heute ausgestorbenen Höhlenbären. Die Grenzen dieses Riesenreichs tragen bis heute seinen Namen, die Worte Arktis und Arkadien kommen beide vom griechischen *arctos* (Bär). Damals liefen noch keine zweibeinigen Wesen mit dem Gefühl herum, die Krone der Schöpfung zu sein. Das Überleben war gleich hart für alle. Urmenschen und Höhlenbären lebten bis auf gelegentliche Jagdüberfälle in respektvoller Distanz. Manche Altertumsforscher behaupten sogar, sie hätten die selben Plätze bewohnt. In einigen Höhlen in den Alpen hat man rätselhafte Spuren gefunden: verzierte Bärenschädel, sauber gestapelte Skelettteile, kleine aus Bärenknochen geschnitzte Statuen. Vielleicht alles Reliquien eines

alten Bärenkults, von dem manche Wissenschaftler sagen, er sei eine der ersten Religionen der Menschheit gewesen.
Ein wenig menschenähnlich wirken Bären, wenn sie sich aufrecht hinstellen. Und erschreckend menschlich sehen Bärinnen aus, wenn ihnen der Pelz über die Ohren gezogen wurde. Schenkel und Brüste wie junge Mädchen, sagen die sibirischen Jäger. Aber wenden wir uns lieber den Lebenden zu, auch da gibt es Gemeinsamkeiten. Wie der Mensch macht es sich der Bär gern in Wohnhöhlen gemütlich, isst totes Fleisch und frisches Gemüse, tritt beim Gehen flach auf, kann sich Orte und Gegenden einprägen und seine Hände mit großem Geschick benutzen. Moment mal: Hände? Haben Bären nicht Tatzen? Lassen wir die Fragen der *animal correctness* beiseite, können wir nur staunen, wie fingerfertig der Bär Lachse fischt, Beeren pflückt und mundgerechte Stücke aus Honigwaben herauspopelt. Ein Forscher namens Charles Jonkel beobachtete einen Eisbären sogar beim Entschärfen einer Falle. Erst warf der Bär einen Stein auf den Schnappmechanismus, dann angelte er sich den Köder.

Bären können sich an das Gesicht eines Menschen, den sie einmal gesehen haben, sehr gut erinnern. Vielleicht ist auch ihnen die Ähnlichkeit zwischen Bär und Mensch aufgefallen. Und womöglich erzählen auch sie sich Geschichten von gemeinsamen Ahnen, wie die Nordmenschen seit Jahrtausenden – Märchen von schönen Menschenmädchen, die Bärenmänner heiraten und mit ihnen üppig behaarte, bärenstarke Babys bekommen. Auch heute noch werden kleine Menschenkinder auf Bärennamen wie Bernhard, Björn, Ursula (von lat. *ursus*, Bär) getauft oder einfach zärtlich Bärchen genannt. Was der Löwe für die Völker des Südens, war der Bär für die im Norden: der König der Erde.

Warum nur hat der König seine Würde verloren? Wieso wurde er in römischen Amphitheatern abgeschlachtet? An der Nase herumgeführt und auf glühenden Kohlen zum Tanzen gezwungen? Erbarmungslos gejagt und schließlich in Deutschland unter Triumphgeheul ausgerottet? Ist dem Bären etwa seine Ähnlichkeit zum Menschen zum Verhängnis geworden, weil sie die Angst und Aggression des *Homo sapiens* nur noch mehr anstachelte? Ironie der Geschichte: 1922 wurde in Kalifornien der letzte der goldenen Bären erlegt – das heilige Tier der Indianer – und im selben Jahr zum Totem des kalifornischen Staates für Wappen und Fahne erkoren. Und siebenundsechzig Jahre nach dem Abschuss des letzten Braunbären in Deutschland nähte eine Stuttgarterin namens Margarethe Steiff den ersten Teddy.

FROSCH

Im Fall des Frosches und seiner Verwandten, den Kröten und Unken, kann man vorbehaltlos von einem sozialen Aufstieg sprechen. Im Frühling bitten Verkehrszeichen um Rücksicht auf den Straßen, und mit Schutzzäunen werden die kleinen Kerle sicher zu ihren Rufgewässern geleitet. So viel Ehre und Wohlwollen ist den Fröschen im längsten Teil ihrer Geschichte nicht zuteil geworden. Im Gegenteil. Mit Ausnahme der Laubfrösche, die einen gewissen Sympathiebonus genießen, gelten Lurche mit ihrem breiten Maul, den Glupschaugen, der (bei Kröten) warzenübersäten Haut und den schleimigen Absonderungen als hässliche kleine Monster. Den Fröschen selbst ist das egal, sie sind mehr Ohr- als Augenwesen, körperliche Wohlgestalt bedeutet ihnen demnach wenig. Für sie zählt auf der Welt nur eine Schönheit: die des volltönenden Quakgesangs.

Schlimmer als die ästhetischen Bedenken des Menschen wiegen seine alten Vorurteile. Sehr lange sah man in den harmlosen Lurchen kleine Ausgeburten des Teufels, verwurstete sie daher im Mittelalter zu allerlei schwarzmagischen Arzneien. Allein schon ihre sehnsüchtigen Konzerte, glaubte man, würden Unheil »unken«. Mit einer Froschplage strafte Gott die Menschen am Nil, nachdem Moses gebeten hatte, »sie sollen heraufkriechen und kommen in dein Haus, in deine Schlafkammer, auf dein Bett...« Der biblische Ekel vor hautnahem Kontakt mit den Glitschtieren unter der Bettdecke schwingt als Motiv auch durch das Froschkönig-Märchen und zieht sich in Form unappetitlicher Bilder durch alte Medizinbücher. Versehentlich verschluckte Frösche würden im Menschenbauch weiterleben, glaubte man, und als froschähnliche Lebewesen stellte man sich die inneren Organe vor, die Gebärmutter etwa als eine Art Wanderkröte. Um herauszufinden, wie sich eine Schwangerschaft anfühlt, soll der römische Kaiser Nero sogar eine lebende Kröte verschluckt haben! Weit übers Mittelalter hinaus hielt sich die volkstümliche Assoziation von Fruchtbarkeit und Kröte, bis dann tatsächlich das Körnchen Wahrheit entdeckt wurde. Bei Kontakt mit einem Tröpfchen vom hormonreichen Harn einer schwangeren Menschenfrau werden männliche Frösche sexuell aktiv. Der Froschtest war noch Mitte des 20. Jahrhunderts die gängige Methode, um Schwangerschaften nachzuweisen. Übrigens mussten Frösche auch für viele andere Laborversuche herhalten. Am Zucken ihrer Schenkel beispielsweise bewies der italienische Physiker Galvani die Existenz einer unsichtbaren Kraft namens Elektrizität.

FROSCH

Hält sich der Mensch mit seinen Experimenten raus, haben Frösche ein schönes Leben. Mit Ausnahme der Winterstarre, wenn sie in Erdhöhlen oder Laubhaufen auf die Märzsonne warten, sind sie rund ums Jahr aktiv. Der junge Frühling ist ihre Reisesaison. Notfalls wandern sie kilometerweit vom Winterquartier zu einem brauchbaren Gewässer. Dort verbringen sie dann die schönste Zeit des Jahres mit der schönsten Hauptsache der Welt: rufen, werben, flirten. Die Männer quaken sich die Kehle aus dem Leib, ihre Schallblase schwillt auf dreifache Größe des Kopfs an. Und die Frauen erhören sich buchstäblich den richtigen Partner. Da, wo einer am längsten und ausdauerndsten quakt, zieht es sie machtvoll hin. Und weil weniger stimmgewaltige Frösche das wissen, fangen sie die Weibchen auf dem Weg ab und kommen so auch zum Zug. Haben sich zwei Frösche gefunden, geht es wieder auf die Reise, diesmal auf die Suche nach einem günstigen Laichplatz. Sollten Frösche so was wie Glück empfinden, dann sicher jetzt, wenn die große Arbeit der Fortpflanzung ihrem Höhepunkt zusteuert. Weil es bei den verschiedenen Lurcharten aber höchst unterschiedlich zugeht, wird hier nur die Vermählung der Laubfrösche genauer beschrieben. An die hundertfünfzig bis dreihundert Eier in Form kleiner Laichklumpen legt die Froschfrau für ihren König ab, der diese unmittelbar danach befruchtet. Den Rest besorgen Natur, Sonne und Wasser: Nach wenigen Tagen schlüpfen die ersten Kaulquäppchen, werden schnell größer, entwickeln ihre Lungen und wandeln sich von Wassertierchen mit Kiemenatmung zum springlebendigen Landbewohner. Wie eine losgelassene Feder kann ein Laubfrosch aus dem Stand hüpfen. Das verdankt er seiner Leichtigkeit und seiner höchst raffinierten Bauweise, unter anderem den langen angewinkelten Hinterbeinen, die beim Strecken erstaunliche Muskelkräfte freisetzen.

Obwohl die Frösche tun, was sie können, um als Spezies zu überleben, verschwinden sie allmählich aus Deutschland. Daran ist nicht die menschliche Lust auf panierte Schenkelchen schuld, die hält sich bei deutschen Gourmets in Grenzen. Was fehlt, ist Platz für Frösche. Die Flussauen mit ihren natürlichen Altarmen, Sandbänken und Ufergehölzen, die sauberen Sümpfe, gesunden Teiche und giftfreien Feuchtwiesen werden rarer und rarer. Und so ist der Frosch jetzt als »stark gefährdet« auf der Roten Liste gelandet. Weshalb denn auch nette Autofahrer im Frühling für Frösche bremsen. Sollte deren Quaken einmal ganz verstummen, wäre das ein schlimmes Zeichen; denn der Frosch ist nicht nur Wetter-, sondern auch Umweltprophet: Wo er sich froschwohl fühlt, ist die Natur gesund.

ZIEGE

Was hat ihr nur den Ruf eingebracht, zickig zu sein? In Wahrheit ist sie liebenswürdig, sensibel und sehr menschenlieb. Zu viel allein gelassen lässt sie den Kopf hängen, und ihre hellen Augen mit den dattelförmigen Pupillen werden trüb. Bei einem neuen Besitzer verweigert sie manchmal tagelang Essen und Trinken und klagt wie ein heimwehkrankes Kind. Man muss sie dann kräftig trösten, damit sie wieder zu ihrer ziegenhaften Lebensfreude zurückfindet. Abgesehen von dieser großen Anhänglichkeit und ihrer starken Abneigung gegen das Alleinsein sind Ziegen aber ziemlich anspruchslos. Sie gehören zu den wenigen Haustieren, die viel Ähnlichkeit mit ihren wilden Verwandten, Steinböcken und Wildziegen, behalten haben. Weil der Mensch nicht so viel an ihnen rumgezüchtet hat wie etwa an den Schafen, sind sie stark geblieben, klug und anpassungsfähig. In einer gemischten Herde aus Schafen und Ziegen ist immer klar, wer nach kurzer Zeit den Ton angibt: die Ziegen. Nicht so klar dagegen ist, warum ausgerechnet die Ziege, trotz Dauerlachen im Gesicht, namenmäßig für dürre, unfreundliche Menschenfrauen herhalten muss. Vielleicht liegt es an ihren kantigen Konturen und dem nicht gerade schmuseweichen Fell – »Zicke« jedenfalls sagt man bei uns zu einer Frau, zu der man nie »du Schäfchen« sagen würde. In romanischen Sprachen ist der Vergleich Frau – Ziege charmanter ausgefallen. Als ziegenartig – nämlich nichts anderes heißt kapriziös – werden dort bewegliche und ein wenig unberechenbare Frauen bezeichnet. Wahr an dieser Assoziation sind allerdings nur die Kapriolen, die Ziegensprünge, die vor allem junge Geißlein in ihrer unverzickten Lebenslust gern veranstalten. Im gesetzteren Alter werden Ziegen ruhiger, aber die große körperliche Gewandtheit bleibt. Niemand außer ihren wilden Vettern, den Steinböcken, kann so trittsicher klettern und schwindelfrei balancieren.

Auch Hausziegen, deren Leben sich zwischen Stall und Weide abspielt, testen gern ihre Kletterkünste auf Holzbalken und Treppen. Für die Siesta im Freien suchen sie übrigens instinktiv höher gelegene Plätze. Obwohl sie schon seit neuntausend Jahren mit den Menschen in den Ebenen leben, haben sie bis heute den Berg, ihre Urheimat, im Blut. Als Vorfahren der Hausziege gelten die Bezoarziegen, heimisch in Vorderasien, zwischen dem Kaukasus im Osten und der Ägäis im Westen. Noch heute leben Restbestände dieser schönen Wildziege mit säbelartig gebogenen Hörnern auf manchen griechischen

Inseln. In der Vergangenheit wurden Wildziegen ähnlich wie Steinböcke massiv gejagt. Nicht in erster Linie der Wunsch nach Fell und Fleisch führte schließlich fast zur Ausrottung (1860 lebte kein einziger Steinbock mehr in den Alpen), sondern eine magische Hoffnung. Bezoarsteine, kleine Kugeln aus Harz und Haar im Magen von Ziegen und Steinböcken, galten als todsicheres Mittel gegen Krebs und Ringe aus Ziegenhorn als Amulett gegen böse Kräfte. Nur weil rund einhundertfünfzig Steinböcke in Sardinien überlebt hatten, konnten die Tiere wieder in den Alpen angesiedelt werden.

Vor allem in ihrer griechischen Heimat werden Ziegen seit alters her sehr geliebt und geschätzt. Gott Zeus, erzählt die antike Mythologie, hatte die Ziege Almathea zur Amme; Ziegenmilch war den alten Griechen folglich ein himmlisches Getränk. Und weil Baby Zeus sein Obst aus einem Ziegenhorn serviert bekam, entstand das Bild vom Leben spendenden Füllhorn. Übrigens hatten neben Zeus auch andere griechische Götter Freude am munteren Ziegentier. Hirtengott Pan so sehr, dass er selber auf Bocksbeinen den Nymphen nachstellte, und seine keusche Gegenspielerin Artemis ist die Schutzpatronin aller Ziegenhirtinnen der Welt. So viel göttliche Ehre ist den Ziegen bei uns nicht widerfahren. Im Gegenteil: In der jüdischen ebenso wie in der christlichen Tradition wurden Ziegen, vor allem der Bock, misstrauisch beäugt. Der strenge Bockgeruch war als üble Ausdünstung des Teufels verschrien – einer der Gründe vielleicht, warum ausgerechnet eine männliche Ziege jährlich zum jüdischen Versöhnungsfest als Sündenbock fürs ganze Volk in die Wüste gejagt wurde. Die Menschennase als das Maß aller Wohlgerüche! Für Ziegenfrauen jedenfalls ist der Geruch ihrer Partner ein aphrodisischer Duft, weshalb der Ziegenbock in der Paarungszeit seinen Spitzbart ganz besonders ausgiebig einduftet – mit Sperma und Urin!

In Griechenland und Vorderasien gilt der Besitz vieler Ziegen auch heute noch als Zeichen von Reichtum und ihr Fleisch als Köstlichkeit. In Westeuropa hat die Ziege ein anderes Standing. Sie wurde dort zeitweilig sogar als Arme-Leute-Kuh bezeichnet, als die Menschen immer mehr auf den Geschmack von Rindersteaks kamen. So ist die Zahl der Ziegen in Deutschland in den letzten Jahrhunderten stetig zurückgegangen. Nur in Notzeiten, wie nach dem Zweiten Weltkrieg, besann man sich auf den anspruchslosen Milch-, Käse- und Fleischlieferanten. Der absolute Tiefpunkt war vor dreißig Jahren erreicht, seitdem geht's für die Ziege langsam wieder bergauf. Heute leben rund hunderttausend Tiere in Deutschland. Und viele davon haben ihren Platz bei den Menschen sogar aus reiner Tierliebe bekommen, frei von Nutzdenken. Sie dürfen tun, was sie am liebsten mögen: hüpfen, stupsen, rangeln, Kräuter knabbern, die Gärten von hässlichem Buschwerk befreien und ihren Menschen zum Dank die Ohren vollmeckern.

EULE

Wenn andere Vögel schlafen gehen, kommt sie erst aus den Federn, denn die Nacht ist ihr Tag und die Dunkelheit ihre Welt. Weil der Mensch vor Erfindung des künstlichen Lichts aber streng im umgekehrten Rhythmus lebte, war ihm das geflügelte Nachtgesindel lange Zeit unheimlich. So suspekt wie Diebe, Ehebrecher und Kirchenschänder. Doch Moment mal, warum dann nicht auch die Nachtigall? Auch sie wird doch erst bei Sonnenuntergang aktiv? Stimmt. Aber sie singt so herzergreifend schön, dass man sie trotzdem einfach lieben muss.

Eulen aber können nicht singen und schon gar nicht quinquillieren. Für die Ohren des *Homo sapiens* produzieren sie nur schreckliche Geräusche. Sie schnarren und schnarchen, bellen, fauchen und seufzen, dass es einem kalt über den Rücken läuft. »Kiwitt, kiwitt« – komm mit, komm mit. Todesahnungen überkamen die Menschen früher beim Balzruf des Käuzchens, weshalb sie es wenig schmeichelhaft »Leichenhuhn“ nannten. Eulen galten zeitweise sogar als Hexenvögel, wurden zwar nicht auf den Scheiterhaufen geworfen, aber doch zu schwarzmagischem Kram missbraucht. Ans Scheunentor gespießt sollten sie Unheil von Haus und Hof abwenden. Zerlegt und mit scheußlichen Ingredienzien zu Arznei verkocht, versprach man sich von ihrem Genuss (!) Hilfe gegen Trunksucht und Geheimniskrämerei. Arme Eulen! Sie hätten wirklich allen Grund, uns Menschen gram zu sein. Zwar sind sie heute kaum noch Opfer abergläubischer Grausamkeiten, sieht man mal von der Unsitte ab, sie ausgestopft in Bibliotheken verstauben zu lassen.

Aber die Welt insgesamt ist grausam geworden fürs Eulengeschlecht. So sehr, dass sogar die beiden häufigsten Arten in Deutschland, der kleine Waldkauz und die hübsche Schleiereule mit ihrem herzförmigen Gesicht, sich allmählich rar machen. Ganz zu schweigen vom imposantesten aller einheimischen Eulenvögel, dem Uhu. Schuld am Eulenschwund sind Waldsterben, Mangel an ungestörten Brutplätzen, gesunder Mäusenahrung und nächtlicher Stille. Was Citylichter, Discobeamer und Autolärm allein nicht schaffen, besorgen am Schluss pestizidverseuchte Mäuse. Zwar legen die verbleibenden Eulenweibchen weiterhin fleißig Eier. Bis zu sechs Monate im Jahr widmen sich Schleiereulen dem Brutgeschäft, könnten theoretisch drei Generationen von Jungen jährlich aufziehen. Aber eben nur theoretisch, denn aus vergifteten Eiern schlüpft oft kein Eulenkind mehr aus.

EULE

Ein komischer Kauz, die Eule, wenn sie mal bei Tag erscheint. Hilflos und ungelenk versucht sie den Angriffen der Singvögel zu entkommen. Die »hassen« sie nämlich, wie es in Vogelkundlersprache heißt. Mit spitzem Schnabel stürzen sich Raben, Amseln und Co. auf Eulen, die sich in ihrer relativen Tagblindheit nur schlecht wehren können. Eine Unfreundlichkeit, die den Vögeln früher übrigens teuer zu stehen kam. Vogelfänger nutzten lebende Eulen als Lockvögel für die damals noch begehrten geflügelten Leckerbissen.

So deplatziert manche Eule bei Tag auch wirken mag, in der Nacht zeigt sie, was in ihr steckt: Sie gehört zur elitären Ordnung der Greifvögel und besticht, wie Adler und Falke, durch brillante Jagdkunst. Fast lautlos ist ihr Flug, was sie – ebenso wie ihr hoch empfindliches Gehör – der raffinierten Anordnung des Federkleids zu verdanken hat. Auch noch zartestes Mäusegetrippel entgeht ihr nicht; zehnmal besser als der *Homo sapiens* kann sie hören. Kein bisschen komisch, sondern eher Furcht einflößend wirkt die große Jägerin, wenn sie ihre Beute mit scharfen Krallen tödlich verwundet und mit spitzem Reißhakenschnabel zerrupft.

Sollte es mal eine gute alte Zeit für Eulen gegeben haben, kann es sich nur ums goldene Zeitalter Athens handeln; denn bei den alten Griechen hatten die Eulen ein schönes Leben, vor allem die rundköpfigen Steinkäuze, die damals zu Tausenden auf der Akropolis nisteten. Zwar verscheuchten sie den Athenern »mit ihrem nächtlichen Kikkabau Ruh' und Schlaf«, wie der Dichter Aristophanes klagt. Der Vogelliebe tat die Lärmbelästigung jedoch keinen Abbruch. Wie konnte man ihnen auch ernsthaft böse sein? Die »eulenäugige" Pallas Athene höchstpersönlich hatte sie zu ihren Lieblingstieren erkoren. Und weil die Stadtgöttin als weise und hellsichtig galt, sagte man auch ihren Käuzen prophetische Gaben nach. Besonders wenn es ums Geld ging, holte sich der alte Grieche Rat und Antwort aus der Zahl der Käuzchenschreie. Denn auch die gebräuchlichste altgriechische Silbermünze stand im Zeichen der Eule: Ein kleiner von Ölzweig und Mond umrankter Steinkauz war auf die Rückseite des Tetradrachmon geprägt. So zahlreich zirkulierte besagtes Geldstück zeitweilig in der mächtigen Stadt, dass es völlig überflüssig gewesen wäre, weitere Eulen nach Athen zu tragen.

Aus dieser antiken Zeit ist der Eule der Ruf der Weisheit geblieben. Auch heute noch gilt sie als Philosophenvogel, Schutzpatronin der Bücherwürmer, Gelehrten und des Verlagswesens. Wie ist sie überhaupt zu diesem Ruf gekommen? Weil sie eine Botin ist zwischen Diesseits und Jenseits, wie die alten Ägypter glaubten? Die Geheimnisse der Nacht und der Träume kennt, was die alten Griechen vermuteten? Vielleicht gibt es auch eine vordergründigere Erklärung. Mit ihrem runden Kopf, den großen Augen und der kleinen »Hakennase« haben Eulenvögel einen ziemlich menschlichen Gesichtsausdruck. Und ein Tier, das guckt wie ein *Homo sapiens*, kann doch nur supergescheit sein. Oder?

MAUS

Als Katzenbesitzer kennt man die Maus eigentlich nur mausetot, und beim Anblick des armen Dings staunt man, wie niedlich Mäuse doch aussehen mit ihren Mausezähnchen, Ringelschwänzen, dem grauen Pelzmantel und den rosa Fingern, mit denen sie zu Lebzeiten säuberliche Vorratshaufen aus Nüssen und Körnern bauen. So süß sind Mäuse, dass ihr Name sogar zum vielleicht meistgebrauchten menschlichen Kosewort mutierte. »Mein Mäuschen«, sagt ein Mensch zum anderen, wenn er zärtlich gestimmt ist.

Auf ihrem langen Marsch durch die Zeiten sind Mann und Maus schon seit langem Weggefährten. Kennen gelernt haben sie sich an den unterschiedlichsten Orten der Welt. Zum Beispiel irgendwo im heutigen Gebiet von Kasachstan, Turkmenistan und Iran, wo die Stammeltern der Hausmaus (*Mus musculus*) arm wie Kirchenmäuse ihr Dasein fristeten. Vor etwa 23000 Jahren schlugen hier ein paar Nomadenvölker ihre Zelte auf, und in der Chronik der Mäuse konnte ein neues Kapitel beginnen. Hochinteressant für die Urmäuse waren die Abfälle der Menschen und der Schutz, den ihre Lagerfeuer vor lichtscheuen Greifvögeln boten. So kam es zu ersten Mensch-Maus-Gemeinschaften. Endgültig in die nächste Nähe des Menschen zogen Mäuse aber erst, als der Ackerbau entdeckt war und mit ihm der Tempel allen Mäuseglücks – der Getreidespeicher. Von da an folgten die flinken Nager dem Menschen loyal in die ganze Welt. Manche wanderten einfach als blinde Passagiere mit und gründeten bei der Ankunft eine neue Mäusekolonie. Die meisten aber breiteten sich an Ort und Stelle aus, denn rund fünf Prozent eines Mäusevolks, immer die rangniedrigen Jungmäuse, müssen nach der Pubertät ein neues Revier suchen.

Je größer eine Maus, desto höher ihre Position unter ihresgleichen. So wird das nur wenige Meter umfassende Mäusereich von einem König regiert, der seine Würde vor allem seiner kräftigen Statur verdankt. Eine seiner Hauptbeschäftigungen besteht darin, das Revier mit Duftmarken gegen Eindringlinge abzugrenzen. Ein weiterer Job: die Begattung möglichst vieler Mäusefrauen, was er nicht ohne ein intensives Vorspiel tut. Durch heftiges Ablecken ihrer Schnäuzchen bringt er seine Partnerinnen in Stimmung. Wird ein Mäusekönig von der Katze geholt, wendet sich sein Harem aber auf der Stelle dem Nachfolger zu. Trächtige Mäuseweibchen machen sich dann sogar buchstäblich leer für den Neuen, lassen ihre Ungeborenen im Bauch absterben.

M A U S

Haustiere wie Hund und Katze wurden Mäuse nie wirklich. Schon allein weil sie zu klein für große Streichelhände sind. Die Spitzmaus (*Sorex araneus*) ist in ihrer einmaligen Winzigkeit sogar das kleinste Säugetier der Welt. Aber Hauptgrund für das gespannte Mensch-Maus-Verhältnis sind die nächtlichen Raubzüge der Mäuse durch Speisekammern. Und weil sie Speck, Brot und Käse dabei mausen, ohne was dafür zurückzugeben, hört für den Menschen da der Spaß auf. Denn was könnte der *Homo sapiens* mit einer Maus schon groß anfangen? Als Braten eignet sie sich nur in allerhöchster Not. Ihr Pelz ist zwar seidig dicht, die Verarbeitung zum ganzen Mantel aber ein mühsames Unterfangen. Seitdem auch Hexereien mit Mäusedreck und mittelalterliche Haarwuchsmittel aus Mäusehaar restlos aus der Mode sind, taugt die Maus zu gar nichts mehr. Halt, stimmt nicht! In ihrer (gezüchteten) weißen Ausgabe ist sie ein beliebtes Versuchstier im Labor, denn erstaunlicherweise sind die DNS von *Homo sapiens* und Maus recht ähnlich. Doch Undank ist der Lohn für Mäuse. Den Menschen schert es nicht, dass die Maus ihr Leben für seine Experimente gibt, er führt den Kampf gegen die lästigen Mit-Esser unbeirrt weiter. Zu einer Art Waffenstillstand kommt es immer nur in mäusearmen Jahren, die mit beruhigender Regelmäßigkeit auf ein so genanntes Mäusejahr folgen. Sorgfältig wurden früher Mäusejahre in den Stadtchroniken festgehalten, sie galten als Teufelswerk, weshalb der Bischof von Autun im 15. Jahrhundert alle Mäuse exkommunizierte. In Wirklichkeit handelt es sich um zyklische Spitzen in der ohnehin sehr intensiven Mäusereproduktion, auf die unweigerlich ein Bevölkerungsrückgang folgt, denn was zu viel an Mäusen da ist, wird von Eulen verputzt oder frisst sich gegenseitig die Nahrung weg.

Arme Maus! Unter den vielen Feinden, die ihr nach dem Leben trachten, sind besonders gefährliche wie Adler, Schlange, Eule und Katze. Der permanente Kampf gegen diese Supermächte hat der Maus bei Comiclesern unerwartete Sympathie eingebracht. Mickymaus und andere gezeichnete Mäuse sind zum Symbol für den kleinen Mann geworden, der sich durch List und Schnelligkeit gegen »die Großen« durchsetzt. Und so freut es uns dann doch, wenn ein flüchtendes Mäuschen rechtzeitig im Mäuseloch verschwindet – und der Kater das Nachsehen hat.

HUND

Es ist zwar nicht ausdrücklich erwähnt, aber man kann davon ausgehen, dass bereits Adam und Eva im Paradiesgarten einen Hund besaßen. Jedenfalls behaupten Forscher, schon die allerersten Menschen hätten mit Hunden zusammengelebt, vor vielleicht hunderttausend Jahren, als der *Homo sapiens* sich vermutlich gerade auf die Hinterbeine gestellt hatte. Korrekterweise darf man die frühen vierbeinigen Gefährten aber nicht als Hunde bezeichnen. Wölfe waren sie noch, die – damals wohl vertrauensseliger als heute – die Nähe der Menschen suchten, mit ihnen auf die Jagd gingen und sich vielleicht auch schon mal den Pelz kraulen ließen. Aus der Zweckgemeinschaft ist dann mit der Zeit Freundschaft geworden, ja sogar beidseitige Liebe. Wie bitte – ein Hund liebt nicht seinen Menschen, sondern nur dessen Einkaufstüte? Wer so was behauptet, kennt die Hunde nicht oder glaubt fälschlicherweise noch immer, Tiere seien gefühllose, geistlose, im Korsett ihrer Instinkte und Reflexe gefangene Automaten.

So alt also ist die Beziehung zwischen Mensch und Hund, dass man sich den einen ohne den anderen gar nicht mehr vorstellen kann. Auch wann der Wolf unter den Händen des Menschen allmählich zum Hund geworden ist, lässt sich ungefähr datieren. An die zwölftausend Jahre muss das her sein, jedenfalls hat man schon in den Überbleibseln urzeitlicher Jäger und Sammler entsprechende Skelettreste gefunden und in eiszeitlichen Höhlen nicht nur die bekannten Malereien, sondern auch Abdrücke von Hundepfoten. Wie fruchtbar sich die Beziehung aufs Hundevolk ausgewirkt hat, beweisen nüchterne Zahlen: Während von ihren wölfischen Ahnen gerade mal noch hundertdreißigtausend in der Welt unterwegs sind, gibt es weltweit einige hundert Millionen Hunde, übrigens in allen Erdteilen, auch in Australien, das vor Ankunft der Europäer gänzlich hundefrei gewesen war.

Aber nicht nur das: Auch die Vielfalt der Rassen ist überwältigend, das Ergebnis langer Teamarbeit von *Homo sapiens* und Natur, wobei man dem Menschen im Spiel der Züchtung allerdings die Führungsrolle zusprechen muss. Allein im 19. Jahrhundert hat er rund dreihundert neue Hunderassen herbeigemendelt. So gibt es heute hoch spezialisierte Streichel-, Jagd-, Hüte-, Schlitten-, Wach- und leider auch Kampfhunde, außerdem Hunde, deren einzige Aufgabe darin besteht, schön zu sein, und natürlich auch den vielseitig verwendbaren Mischling, der von allem etwas, aber charmanter-

weise nix so richtig kann. Aus der Mode gekommen ist heute allerdings die Branche des so genannten Anstandswauwaus, früher zuständig für die Tugend des ihm anvertrauten Frauchens (doch, wie die anekdotenreiche Hundehistorie berichtet, in diesem Job durchaus bestechlich). Nur staunen kann man heute, wie der Mensch es über die Zeiten geschafft hat, aus dem schlanken, großen Wolf unter anderem Zwerge herzustellen wie die Rehpinscher oder das schniefende Knautschgesicht des Mops. Ob das allerdings eine grandiose Leistung ist oder nur das Resultat einer Art von Rassenwahn – wer will so was schon beantworten?
Ist es nur ein Wahn, geht der jedenfalls weiter und in neue bahnbrechende Richtungen. Die Entschlüsselung des Hundegenoms sei weit fortgeschritten, melden die Wissenschaftler. Und was für die menschliche Spezies aus ethischen Überlegungen noch nicht ausdiskutiert ist, wird bei der Produktion von Vierbeinern wohl kaum auf nennenswerte Widerstände stoßen: Die Zukunft gehört dem Hund nach Maß, blond, blauäugig, weiß... äh, pardon, nein natürlich nicht das, sondern vielleicht mit pflegeleichtem, flohabweisendem Fell, selbstreinigenden Augen und hoch potenziertem Ergebenheitsgen.

Als ob man den Hunden die Treue erst anzüchten müsste! Zwanzig Jahre lang wartete ein (garantiert genetisch nicht manipulierter) Hund namens Argos auf die Rückkehr seines Herrchens, gemeinsam mit seinem Frauchen, das die meiste Zeit am Webrahmen saß. Und als der lang vermisste endlich vor der Tür stand, erkannte nur Argos ihn auf Anhieb, bekam aber vor lauter Wiedersehensfreude wenig später einen Herzanfall. Die Hundegeschichte aus Homers Odyssee ist nur eine von unzähligen in der Weltliteratur, aber eine der ältesten. Und sie zeigt, dass schon in homerischen Zeiten, vor etwa zweitausendsiebenhundert Jahren, die Treue des Hundes sprichwörtlich geworden war.
Noch viele weitere gute Eigenschaften schätzt der Mensch an seinem Hund: Klugheit, Mut, Hellsicht, Arbeitseifer und Mitgefühl. Ja, sogar die therapeutischen Fähigkeiten des Vierbeiners sind seit langer Zeit bekannt. »Gib dem Menschen einen Hund, und seine Seele wird gesund«, sagte im Mittelalter die kluge Hildegard von Bingen. Zwar ist das lange Zusammensein mit dem Menschen inzwischen nicht mehr spurlos an der Hundeseele vorbeigegangen; es gibt ja jetzt schon Psychiater für verhaltensgestörte Vierbeiner. Aber in der Regel sind es doch immer noch Hasso, Rex oder Susi, die mit ihrer ansteckenden Lebensfreude naturentfremdete Städter aus ihrer Melancholie befreien.

Bleibt die Frage, warum der Hund, dieser vielgeliebte Gefährte, in unserer Kultur nicht nur gut wegkommt: »Du Hund« ist auch ein übles Schimpfwort, »hundsgemein« die Steigerungsform der Niedertracht und »vor die Hunde gehen« Ausdruck bodenlosen gesellschaftlichen Absturzes. Spricht man so von einem Freund? Nein, eigentlich nicht, und wer Hunde liebt, tut gut daran, seine Sprache zu prüfen. Es mag viele historische und psychologische Gründe für den Zwiespalt der Gefühle geben, aber vielleicht auch eine philosophische Erklärung: Wo viel Liebe ist, da ist auch Hass. Und umgekehrt.

FALKE

Keine Frage: Er ist der Schönste – mit seiner zierlichen Figur, dem runden Kopf und den großen dunklen Augen, die einen attraktiven Kontrast zur gelben Wachshaut an der Schnabelbasis bilden. Nur der stark gekrümmte Oberschnabel mit dem so genannten Falkenzahn und die kräftigen Krallen verraten, dass mit ihm nicht zu spaßen ist. Zur Klasse der Raubvögel gehört er, jener elitären Gruppe, die Zoologen heute freundlicher Greifvögel nennen. Auch die Superstars in der hohen Kunst des Fliegens kommen aus der Reihe der Falken: Mit 290 Stundenkilometern im Sturzflug sind Wanderfalken die Schnellsten. Dank ihrer extrem leichten Bauweise können sie sich auch häufiger als Adler oder Habichte eine spektakuläre Flugtechnik, genannt Rütteln, leisten. Das Fliegen auf der Stelle mit kurzen, schnellen Flügelschlägen kostet sie zwar viel Energie, verheißt aber besonders viel Jagdglück.

Die brillante Flug- und Jagdtechnik der Falken ist den aufmerksamen Augen des Menschen natürlich nicht verborgen geblieben. Wer sich so meisterhaft im Element Luft bewegt, muss einfach ein Gott sein – dachten die alten Ägypter und machten das Bild des Falken zur Hieroglyphe für das Wort Gottheit. Isis, die höchste Göttin im ägyptischen Pantheon, wird mit ausgebreiteten Falkenschwingen dargestellt, und der jugendliche Lieblingsgott Horus mit einem Falkenkopf.
Sehr viel prosaischer näherten sich später die Araber dem göttlichen Vogel. Was bereits die Assyrer im sechsten vorchristlichen Jahrhundert konnten, brachten Beduinen auf der Arabischen Halbinsel zur Perfektion: die Zähmung und Abrichtung von Falken zu Jagdhelfern. Über das maurische Spanien gelangte die edle Kunst der Falknerei nach Europa und wurde für mehr als drei Jahrhunderte zur Leidenschaft von Königen, Fürsten und adligen Burgfräulein. Ein so elitäres Vergnügen, dass sogar ein Herrscher, der Stauferkaiser Friedrich II., zur Feder griff und im 13. Jahrhundert ein hochkompetentes Buch über die schönen Vögel und die Beizjagd schrieb. Verrückt auf Falken war auch noch im 16. Jahrhundert der französische König Franz I., allein an seinem Hof in Paris standen dreihundert Vogeltrainer in Lohn und Brot. Bestimmt spielen auch praktische Gründe bei der alten Freundschaft ihre Rolle. Falken sind handlicher als Adler und können, in Menschenobhut aufgewachsen, fast so zahm werden wie Wellensittiche. Als besonders spannend aber galt fähigen Falknern

früher stets die Zähmung eines so genannten »Wildfangs«, eines in Freiheit geborenen, wilden Falken.
Nicht nur das Wort Wildfang ist aus der Falknerei in der Sprache übrig geblieben, auch die moderne Zoologie knüpft an das Wissen der mittelalterlichen Vogelexperten an. Mit dem ritterlichen Begriff »Burgfrieden« bezeichnet sie beispielsweise die eigenartige Sperrzone im Umkreis eines Falkenhorsts. Weil Falken in unmittelbarer Nähe ihres Zuhauses so gut wie nie jagen, leben Mäuse und andere Beutetiere ausgerechnet dort relativ sicher. Übrigens sind Falken keine Häuslebauer, sie mieten sich in verlassenen Krähen- oder Taubennestern ein oder, wie die Turmfalken, sogar mitten im Dorf, im Kirchturm. Ob ein Nest von Falken bewohnt ist, können auch Laien leicht an den vielen weißen Kotflecken erkennen. Reinlich wie andere Greifvögel, die ihren Kot in hohem Bogen aus dem Nest spritzen, ist der Falke nämlich nicht. Aber weil der Mensch ihn liebt, hat er sogar für dessen Verdauungsprodukt ein edles Wort geprägt: Schmelz heißt es in der Falknersprache.

Was für alle Greifvögel stimmt, fällt beim Falken besonders deutlich ins Auge: Das Weibchen ist größer und schwerer als das Männchen. Terzel nannten Falkner daher den männlichen Falken, um bildhaft auszudrücken, dass er ein Drittel kleiner ist als sein Weibchen. Trotzdem übernimmt er nach der Hochzeit fürs Erste allein die Rolle des Ernährers, muss seine Partnerin drei- bis fünfmal täglich füttern. Unfair? Im Gegenteil: Die unterschiedlichen Proportionen von Mann und Frau beweisen nur wieder, wie klug alles in der Natur eingefädelt ist. Das Weibchen braucht hohe Energiereserven fürs Brutgeschäft. Das kleinere und daher wendigere Männchen ist der (noch) bessere Jäger, kann daher leichter die Tagesration an Beutetieren beibringen, die eine junge Falkenfamilie fürs Überleben braucht. Fünf Nestlinge – das bedeutet allein für die Kinder zwanzig Mäuse am Tag. Ein Riesenaufwand, den der Falkenmann übrigens ohne Murren leistet. Er ist eben viel mehr rührender Familienvater als kalter Krieger auf Kollisionskurs. Insofern sollte die Unterteilung der politischen Landschaft in starrköpfige »Falken« und sanfte »Tauben« dringend überdacht werden.

Fast ausgestorben war der schneidige Wanderfalke in Deutschland; auch das gellende Kikku-uh der Turm- und Baumfalken ist nicht mehr so oft zu hören. Dank der Naturschutzvereine und vieler Bürgerinitiativen sieht die Lage jetzt schon wieder viel besser aus. Der Falke war und ist eben ein Liebling der Menschen, kommt in der gesamten Tierliteratur gut weg. Als elegant und klug wird er stets beschrieben. Aber auch restlos glücklich? Laut Fabel soll er sich mal bitter bei Gott beklagt haben, keine so wohlklingende Stimme zu haben wie die Nachtigall. Aber Fabeln beschreiben bekanntlich mehr die menschliche Natur als die animalische. Und ewig unzufrieden ist höchstens der *Homo sapiens,* nicht der Falke.

RATTE

Die Ratte ist ein Nager, was auch der Laie an ihrer gespaltenen Oberlippe und an den Nagezähnen, mit denen sie alles Rattentaugliche zerrupft und ratzeputz verwertet, sehen kann. Vor sechzig Millionen Jahren wurde der Prototyp »Nager« von der Evolution erfunden, heute laufen mehr als dreitausend Arten davon auf der Welt herum, von der winzigen Zwergmaus bis zum großen südamerikanischen Wasserschwein. Auch Wissenschaftler verlieren bei dieser Vielfalt leicht den Überblick. In puncto Ratte genügt es aber zu wissen, dass sie im Grunde nichts anderes ist als eine große Maus und in zweierlei Form in Europa vorkommt: als Haus- und als Wanderratte. Wobei man für die Hausratte (*Rattus rattus*) fast schon in der Vergangenheitsform sprechen muss; doch davon später mehr.

Jede Ratte hat zwei Seiten. Da ist einmal die putzige Supermaus mit transparenten, pinkfarbenen Ohren, schwarzen Knopfaugen, geschickten rosa Fingern und einem Näschen, das dauernd schnuppern muss. »Allerliebste Tierchen, die jedermann gefallen würden, wären sie nicht Ratten«, bemerkt feinsinnig der Zoologe Alfred Brehm. Das dunkle Gegenmodell zur zahmen Ratte ist ihre freilebende Artgenossin, bei deren unvermutetem Anblick der Mensch bis ins Mark erschrickt: das Tier der Finsternis und des Unrats, das Sammelbecken menschlicher Ekelgefühle. Sigmund Freud kam zu dem Schluss, der Rattenekel habe etwas mit unbewusster Angst vor Sexualität und ungezügelter Vermehrung zu tun. Ratten, die sich in Kellern, Schächten und unter Kanaldeckeln so massenhaft vermehren, bis sie schließlich in die Oberwelt quellen – eine Endzeitvision, geboren in den Alpträumen des *Homo sapiens*; wahrscheinlich als Selbstbestrafung dafür, dass er sich selbst so reichlich auf Kosten anderer Lebewesen reproduziert. Für Ratten jedenfalls stimmt das Bild nicht. Zwar kann eine Rattenfrau alle zweiundzwanzig bis vierundzwanzig Tage mindestens acht Junge, theoretisch in einem Jahr also achthundert Kinder bekommen, aber das ist nur ein Rechenexempel. In der Natur geht es sehr viel karger zu. Pro Jahr bekommt die Rattenmutter kaum mehr als dreißig oder vierzig Junge, die sie auch bei aller Liebe keineswegs komplett durchbringt. Und das war es dann auch schon. Denn anders als für die Käfigratte dauert das Leben einer freilebenden Artgenossin kaum ein Jahr. So gefährlich geht es für Ratten draußen in der Welt zu.
Will man dem Ekel der Menschen auf die Spur

kommen, muss man unweigerlich auch über den Anhang der Ratte sprechen: Der Rattenschwanz ist dünn, fleischfarben wie ein Regenwurm, spärlich behaart, was freien Blick auf unsympathische Schuppenringe ermöglicht, und dazu auch noch viel zu lang. Bei der Hausratte kann er mit bis fünfundzwanzig Zentimeter länger werden als das ganze Tier. Bei der etwas größeren Wanderratte sind die Proportionen geringfügig erträglicher. So wenig schätzt der Mensch diesen Anblick, dass er bei einer Pechsträhne von »einem ganzen Rattenschwanz von Problemen« spricht. Ratten aber lieben ihren Schwanz, er ist für sie Kletterhilfe, Thermostat und Fettspeicher. Allerdings manchmal auch tödliche Falle: wenn sich die Schwänze von Rattenbabys im Nest so verheddern und verkleben, dass die größer werdenden Jungen nicht voneinander loskommen und verhungern müssen. Seltsamerweise heißt dieses Phänomen im Volksmund Rattenkönig.

Wann die Ratte zum Menschen kam? Spätestens als der *Homo sapiens* begann, Getreidevorräte anzulegen. Damit machte sich die Ratte natürlich viele Feinde, denn wenn es ums Essen geht, hört beim Menschen in der Regel die Tierliebe auf. Aber manche Völker mochten sie doch, die kleinen Tiere, die so putzig Männchen machen können. Bei den alten Ägyptern war »kleine Ratte« ein Kosename für nette Kinder, und die alten Chinesen hielten das Rattenvolk sogar in großen Ehren. Wer im Jahr der Ratte auf die Welt kommt, gilt den chinesischen Astrologen als Muster an Klugheit, musischer Begabung und Altruismus. Bei uns dagegen ist Ratte zum übelsten Schimpfwort degeneriert und die Ratte selbst zum vierbeinigen Staatsfeind.

Noch vergleichsweise sanft waren die Kampftechniken im alten Europa. Man betete zur heiligen Gertrud von Nivelles um Schutz vor Ratten- und Mäuseplagen oder holte sich Rattenfänger in die Stadt, von denen der zu Hameln der berühmteste geworden ist. Dann aber begann das Zeitalter der Hygiene und mit ihm die systematische Massenvernichtung des Rattenvolks. Vor allem als Anfang des 20. Jahrhunderts nachgewiesen wurde, Rattenflöhe könnten zu Überträgern des Pestbazillus werden, gab es kein Pardon mehr. Der seither mit scheußlichen Mitteln geführte Krieg rafft Ratten zu Tausenden dahin – doch noch überlebt die Spezies. Klugheit, Vorsicht, exzellenter Ortssinn, Schwimmtauglichkeit und ausgeprägtes Verantwortungsgefühl für Mitratten sind ihre Waffen im ungleichen Krieg gegen den Menschen. Die schwarze Hausratte hat es allerdings doch erwischt, sie ist in Europa so gut wie ausgestorben und steht jetzt auf der Roten Liste der gefährdeten Tierarten. Geblieben ist die Wanderratte (*Rattus norvegicus*). Und ihre gezüchteten Nachkommen sind es, die heute von Rattensympathisanten in Käfigen gehalten und gestreichelt werden. Das Wort Wanderratte ist nebenbei bemerkt kein glücklich gewählter Name; denn das so benannte Rattentierchen macht es sich gern daheim gemütlich, zum Beispiel zwischen warmer Menschenhaut und Pulloverrand.

LÖWE

Es muss hier mal was zur Ehrenrettung des Löwenmanns gesagt werden. Er wird nämlich oft als übler Macho beschrieben, weil er die meiste Zeit des Tages scheinbar herumdöst, während seine Frauen auf die Jagd gehen. Das ist zwar richtig beobachtet, nur etwa zwölf Prozent seiner Nahrung erjagt der Rudelchef selbst, ansonsten nimmt er den Frauen den Löwenanteil ihrer Beute gewaltsam ab. Aber wie so oft in der Geschlechterfrage ist die Wahrheit doch sehr viel komplexer. Der Löwenmann hat kein leichtes Leben, auch wenn es so aussieht. Er führt einen permanenten Kampf gegen männliche Artgenossen, bei dem er viele Kratzer und Wunden einstecken muss und trotzdem unweigerlich, früher oder später, unterliegt. Überall sind jüngere Rivalen unterwegs, die nur darauf lauern, dem Älteren sein Revier und seine Frauen abzutrotzen und seine Kinder zu töten. Der Löwe tut zwar, was er kann, um sie auf Distanz zu halten. Damit es gar nicht erst zu kräfteraubenden Kämpfen kommt, versucht er es mit Duftmarken, eigens dafür von einer Drüse aromatisierten Harnspritzern, die systematisch an strategisch wichtigen Punkten des Reviers verteilt werden. Und mindestens einmal täglich, in der Regel bei Sonnenaufgang, setzt er zusätzlich seine Superwaffe ein, das sprichwörtliche Löwengebrüll, das sich mit einem gewaltigen Rumpeln über den Boden verbreitet wie der Donner über den Himmel. Aber so gut der Löwe auch brüllt, nach fünf bis sechs Jahren kommt es doch zu einem entscheidenden Kampf, er wird vom Thron gestoßen, gehört zum alten Eisen, muss den Rest seines Lebens allein jagen, und die Chance, noch mal eine Frau zu finden, ist gleich null. Es gibt kaum einen traurigeren Anblick als den eines alten Löwen, der abgehalftert und meist auch abgemagert durch die Savanne trottet. In diesem Stadium seines Lebens wird er leicht zum Feind des *Homo sapiens*, denn mit seinen nachlassenden Kräften vergreift er sich an dessen leicht erlegbaren Haustieren; allerdings kaum jemals am Menschen selbst, der ihm auch ohne Flinte unter dem Arm aus unbekannten Gründen ziemlich viel Respekt einflößt. Ist er erst mal weg, vergessen die Löwenfrauen ihren Exboss und Geliebten schnell und führen mit dem Neuen ihr gewohntes Rudelleben weiter. So gesehen kann man also sagen, dass bei den Löwen die Männer die undankbarere Rolle haben.

Wer bei den Löwen das schönere Geschlecht ist, lässt sich nicht so eindeutig beantworten wie beim *Homo sapiens*. Der Löwenmann ist in der Regel

erheblich größer als das Weibchen und hat die schöneren Haare. In der Pubertät, etwa mit drei Jahren, wächst ihm eine prächtige Löwenmähne, die sein Haupt wie ein Strahlenkranz umgibt. Das sieht nicht nur sehr gut aus, sondern bietet auch einen gewissen Schutz vor Verletzungen durch Prankenhiebe von Artgenossen. Außerdem lässt das üppig wallende Haar den Löwenmann imposanter erscheinen, was auf jüngere Männer zunächst noch einschüchternd wirkt. Löwenweibchen haben schöne schmale Köpfe, aber keine besondere Haarpracht, dafür wie die Männer eine Schwanzquaste, in der ein Hornstachel verborgen ist. Wenn sie klein sind, sehen Löwen süß wie Hauskatzen aus, aber mit dem Älterwerden verändert sich ihr Ausdruck, die Augen werden dann proportional kleiner, das ganze Gesicht wirkt länger und verliert damit jede Niedlichkeit. Trotzdem können Löwen erstaunlich gutmütig ausschauen, und wenn sie miteinander spielen oder mit gekreuzten Pfoten nebeneinander ruhen und dabei laut schnurren, sieht man ihnen die Verwandtschaft zu den kleinen Katzen noch sehr stark an. So kannten die alten Ägypter für Löwen und Katzen auch nur ein Wort, und weil sie es mit ihren vielen Göttern nicht immer so genau nahmen, vermixten sie gelegentlich die Katzengöttin Bastet und die löwenköpfige Kriegsgöttin Sehmet zu ein und derselben göttlichen Superkatze.

Früher waren Löwen von Afrika bis Indien verbreitet, im südlichen Europa gab es die dort seit der Eiszeit ausgestorbenen Höhlenlöwen. Heute leben Löwen nur noch in afrikanischen Schutzgebieten, in Zoos und ein winziger Restbestand in Indien. Gnadenlose Jagd und systematische Verkleinerung der Lebensräume haben sie weitgehend ausgerottet, aber in den Köpfen, Herzen und Erzählungen der Menschen lebt der Löwe weiter: als König der Tiere und Tier der Könige. Egal, ob im Wappen von Fürsten und Herzögen, als Markenzeichen von Bierbrauereien oder als Namengeber für Fußballvereine – der Löwe symbolisiert Stärke und Anspruch auf den ersten Platz. Im Vorderen Orient und in Indien gehörte der Besitz von Löwen lange zu den Insignien königlicher Macht; die frühen Perserkönige hielten sie in Gehegen, die nach griechischer Überlieferung »paradeisos« hießen. So richtig paradiesisch ging es darin für die Löwen aber nicht zu, denn die Tiere dienten auch als Jagdvorrat für die Herrscher.

Solange die Löwenjagd Privileg hochkarätiger Helden (wie Herakles) und vornehmer Könige blieb, war der Wildbestand natürlich nicht annähernd so gefährdet wie in der Zeit touristischer Großwildjagd und krimineller Wilderei. Aber schon die alten Römer haben nachweislich erste Breschen in die Löwenpopulation geschlagen, an einem einzigen Tag wurden im Großen Zirkus der Stadt Rom bis zu fünfhundert gefangene Löwen abgeschlachtet. Tröstlich zu wissen, dass die gemeinsame Geschichte von Mensch und Löwe auch andere Episoden kennt. Der österreichische Superfeldherr Prinz Eugen von Savoyen liebte seinen zahmen Löwen wie einen Sohn, und der Löwe liebte ihn wie einen Freund . So tief war die Bindung, dass der Löwe am gleichen Tag (21. April 1736) starb wie sein Herr.

HASE

Wer weiß, wie der Hase läuft, wird das Wort Angsthase nie mehr leichtfertig in den Mund nehmen. Zwar stimmt es, dass man einen lebenden Hasen fast immer nur von hinten, nämlich auf der Flucht, zu sehen bekommt. Aber der Schein trügt: So klug und besonnen verhält sich der Hase in der Stunde der Gefahr, dass man sein Hasenherz als mutig bezeichnen muss. Allein schon sein Leben als Single, draußen in der Wildnis, erfordert Courage. Im Unterschied zum geselligen Kaninchen (Seite 86) lebt der Hase nämlich am liebsten allein. Und er wohnt auch nicht unterirdisch in einem kuscheligen Bau oder in von Menschen gezimmerten Käfigen, sondern ganz spartanisch in einer Erdmulde. Ist ihm irgendwas nicht ganz geheuer, läuft der Hase nicht einfach blöd davon, sondern versucht zuerst, ein Bild von der Lage zu bekommen. Dazu benutzt er vor allem seine Ohren und die Schnuppernase. Er macht Männchen, stellt die langen Löffel auf, horcht und wittert, woher der Wind weht. Die erste Überlebensstrategie des Hasen lautet also: keine Panik. Das hat ihm die Anerkennung des *Homo sapiens* eingebracht. Warum sonst würden wir einen im Lebenskampf erfahrenen Menschen als »alten Hasen« bezeichnen? Doch zurück zum echten Hasentier: Liegt nur mäßige Gefahr in der Luft, verlässt es sich erst mal auf seine Tarnfarbe, »drückt sich« in eine Erdfurche, wie das in der Jägersprache heißt. Davon ist uns der Ausdruck »sich vor einer unangenehmen Sache drücken« übrig geblieben. Dabei ist der Hase kein feiger Drückeberger, sondern wie alle Wildtiere nur ein kluger Ökonom. Stillhalten kostet weitaus weniger Energie als ein Supersprint, und um zu überleben, muss der Hase seine Kräfte schon gut einteilen. Wird ihm der Boden wirklich heiß unter den Füßen, rennt er aber doch davon und kann auf eine sehr effiziente Technik zurückgreifen: das Hakenschlagen. Nicht geradeaus hoppelt er, sondern immer mal wieder um die Ecke. Das bringt Verfolger schneller aus der Fassung und aus der Puste. Den gewundenen Fluchtweg des Hasen nannte man früher Rank, und daher kommt unser Ausdruck »Ränke schmieden« – für sich krumme Sachen ausdenken.

Feldhasen und Schneehasen sind die bekanntesten Hasenarten und hoppeln schon seit prähistorischen Zeiten durch die Welt. Nur nach Australien, Neuseeland und Südamerika fanden sie den Weg nicht allein, sie wurden von Menschen dorthin exportiert. Der Feldhase ist braun, hat schwarze Ohrenspitzen und einen weißen Bauch, der Schneehase ist kleiner

und wechselt im Winter seine Fellfarbe vom legeren Sommerbraun zur Tarnfarbe Weiß. Hasen sehen den Wildkaninchen und deren Nachkommen, den vom Menschen gezüchteten »Stallhasen«, erstaunlich ähnlich. Daher werden sie oft miteinander verwechselt, obwohl sie nur weitläufig miteinander verwandt sind. Die Konfusion geht so weit, dass die Amerikaner inzwischen sogar den ehrwürdigen Osterhasen »Osterkaninchen« nennen. Hase und Kaninchen selber wissen aber genau Bescheid. In der kühlen Züchtersprache ausgedrückt: Sie lassen sich nicht kreuzen. Das Kaninchen ist kuschelig und rund, wie gemacht für das bequemere Leben als menschliches Haustier. Der Hase dagegen ist schnittig gebaut, länger und schlanker, obwohl er dreimal so schwer werden kann wie ein Kaninchen. Die hinteren Läufe sind stärker entwickelt als die vorderen, denn wenn der Hase Vollgas geben muss, stößt er sich mit ihnen kraftvoll für seine weiten, flachen Hoppelsprünge ab.

Der Hase wird von den Menschen sehr gemocht. Wahrscheinlich weil er klein und ungefährlich ist und vielen auch gut schmeckt. Hasenknochen hat man schon in prähistorischen Küchenabfällen in Russland, Afrika und Nordamerika gefunden. Bei den Juden allerdings haben die Hasen bis heute nichts zu fürchten, der Genuss ihres Fleisches gilt als nicht koscher. Auch die alten Griechen hielten sich beim Hasenfilet zurück, es verursache Schlaflosigkeit, hieß es dort – so wie der Vollmond, mit dem der Hase seit jeher in mystischer Verbindung steht. Was für unsere Kinder der Mann im Mond, ist für die kleinen Chinesen der Mondhase, der Held vieler ihrer Gutenachtgeschichten und Fabeln.

Wo immer es Hasenfeste gab oder gibt in der Welt, finden sie im Frühling statt. Bei den alten Ägyptern war die Hieroglyphe für Blüte und Hase sogar identisch. Bei uns kommt jedes Jahr an Ostern der Osterhase und bringt seine Eier. Das ist uralte Fruchtbarkeitssymbolik im Doppelpack. Auch in den Augen der Griechen und Römer war der Hase ein Muster an Zeugungslust und galt daher als Tier der Liebesgöttin Aphrodite/Venus. Tatsächlich sind Hasen, gemessen an menschlichen Möglichkeiten, sehr fruchtbar. Nur in den dunklen Monaten November und Dezember machen sie Pause mit dem Hasenkriegen. Zweiundvierzig Tage ist eine Hasenfrau trächtig, dann liegen ein bis vier Junge in der Sasse, wie die Wohnmulde der Hasen in der Fachsprache heißt. Anders als Kaninchenbabys, die nackt und blind geboren werden, sind Hasen schon als Neugeborene ziemlich fit: Sie haben bereits ihren Pelz, können sehen und hören. Das Leben in der Wildnis kennt eben keine Schonzeit, auch nicht für winzige Hasenkinder.

FUCHS

Alles nur Zufall? Warum schläft der Fuchs nicht auf unseren Sesseln, frisst hochwertiges Trockenfutter und geht mit uns Gassi? Er hat doch das Zeug zum vielgeliebten Haustier, bildhübsch wie er ist, mit seinem schönen Pelz, den bernsteinfarbenen Augen und dem ... ja , genau, dem Hundeblick. Wie ein verspielter, aber scheuer Hund wirkt so ein Fuchs. Schließlich stammt er ja auch evolutionsmäßig aus dem gleichen Stall, gehört zur zoologischen Familie der Hundeartigen und könnte in vielerlei Hinsicht durchaus als Hund durchgehen. Er rauft und spielt gern, befolgt strenge Rudelgesetze, kommuniziert über die Pinkelsprache und erlebt die Welt als gigantische, vielschichtige Duftwolke. Seine lästige Neigung, in Hühner- und Kaninchenställe einzubrechen, hätte man ihm ja mit der Zeit abtrainieren beziehungsweise ihn sogar zum Jagdfuchs erziehen können. Auch sein für Menschennasen nicht immer angenehmer Eigengeruch ließe sich vermutlich mit Seife und Shampoo wegwaschen oder -züchten. Und dass der Fuchs nicht bellt, sondern zischelt und fiept, wäre lärmempfindlichen Tierbesitzern ja durchaus willkommen. Warum also ist es bis auf wenige Einzelfreundschaften nicht zum Bund zwischen Mensch und Fuchs gekommen?

Wahrscheinlich weil der Fuchs das nie gewollt hat. Unergründlich tief scheint das Misstrauen in seiner Seele verwurzelt. Nie jedenfalls hat er freiwillig die Nähe des *Homo sapiens* gesucht, ganz entschieden am liebsten dort gelebt, wo sich »die Füchse gute Nacht sagen«. Und wenn er sich heutzutage doch in unsere Vororte wagt oder sogar gelegentlich in städtischen Grünanlagen rumstromert, dann nur, weil es immer enger wird auf der Erde und die Wohnungsnot auch im Wald zunimmt.

Fuchs und Mensch – das bleibt eine schwierige Beziehung. Seitens des Menschen ist es sogar eine Art Hassliebe, deren Anfänge sich irgendwo, irgendwann in ferner Zeit verlieren. Reineke Fuchs heißt er bei uns, eine Namengebung, die Bände spricht. »Der Geschwänzte« bedeutet das Wort Fuchs ursprünglich, für arglose Ohren nur ein vordergründig gut gewählter Name. Die prächtige Rute, fast so lang wie der ganze Kerl und zudem oft von einer leuchtend weißen Spitze gekrönt, ist ja nun mal das Augenfälligste an dem kleinen Nachtjäger. Aber halt, es gibt noch ein weiteres Wesen, das man früher furchtsam den »Geschwänzten« nannte: den Teufel, den Nachfolger des gefährlichen, aber auch drolligen Dämonen Loki – ein

Höllengeistlein germanischer Herkunft, mit dem der animalische Geschwänzte, jedenfalls munkelte das der Mensch, in einem merkwürdigen Bund zu stehen schien. Nachts treibt der Fuchs sein Unwesen, foppt Mensch und Federvieh, stiehlt, wie jedes Kind singt, unsere Gänse und hat zu allem Übel rotblonde Haare, die Aura der Hölle schlechthin. Fuchsteufelswild kann man heute angesichts derartig haariger Vorurteile werden. Schließlich sind dafür auch rotlockige Frauen früher auf den Scheiterhaufen geschickt worden, und lebend gefangene Füchse hat man in früheren Jahrhunderten »geprellt«, was eine besonders diabolische Art war, sie zu Tode zu bringen (mit Rücksicht auf empfindsame Gemüter sollen die Einzelheiten hier verschwiegen bleiben).

Weitaus harmloser ist des Fuchsens Spitzname Reineke, der eigentlich nichts anderes bedeutet als kleiner Reinhard (wovon sich auch die französische Bezeichnung *renard* ableitet). Doch warum ausgerechnet Reinhard? »Kluger Ratgeber« ist die ursprüngliche Bedeutung des Namens, und ein kleiner Reinhard ist eben so was wie ein kleiner Schlauberger. Ja, sie ist sprichwörtlich geworden, die Klugheit der Füchse, aber sie hat einen abfälligen Beigeschmack – den der Gerissenheit. Ein schlauer Fuchs ist nicht ein gescheiter Kopf, der wie Einstein die letzten Welträtsel löst, sondern einer, der sich im Alltag geschickt durchschlägt, ein cooler Trickdieb, schwer zu fassen und manchmal auch ein wenig gemein. In dieser Rolle geistert Reineke denn auch durch unsere Fabeln und Märchen, wo er gutmütige Tiere zum Narren hält und dem Raben auch noch das letzte Stückchen Käse abl(f)uchst.

Und der wirkliche Fuchs? Klar, der ist wie alle Tiere ziemlich intelligent, beherrscht eine Menge Überlebensstrategien, aber zumindest dem *Homo sapiens* und dessen üblen Tricks ist er doch reichlich unterlegen. So wurde er ja auch in geradezu gigantischen Zahlen abgeschossen, vergast, vergiftet, von rotberockten Menschen und ihren kläffenden Hundemeuten zu Tode gehetzt. Und das alles aus purer Tötungslust, schließlich gehört Fuchsfilet nicht auf den Speisezettel des *Homo sapiens*? Nein, natürlich nicht nur aus Mordlust, sondern auch als Rache für die Übergriffe des Fuchses aufs Huhn und aus volkshygienischen Gründen, weil der Fuchs dem Hund nicht nur ähnlich sieht, sondern auch unter der gleichen Krankheit, der Tollwut, leidet. Also Halali! Los geht's... Doch angesichts Tausender gekillter Füchse, woher rührt bitte schön der Mythos von Reinekes schlauer Überlebenskunst? Die Fuchsspezies scheint tatsächlich (noch) nicht totzukriegen. Wie die Ratte und der *Homo sapiens* kann sie sich auch an schlechter werdende Lebensbedingungen gut anpassen, starke Verluste durch intensivere Fortpflanzung wettmachen. Und zumindest die Angst der Menschen vor Tollwutübertragung bedeutet nicht mehr sicheren Tod für alle Füchse. Denn das Problem kann inzwischen eleganter und tierfreundlicher gelöst werden: Statt tödlicher Giftköder legt ein freundlicher Förster heute auch schon mal mit Impfstoff präparierte Fleischbrocken aus.

GANS

Zwischen Gans und *Homo sapiens* existiert eine auffallende Ähnlichkeit: die Haut. Die sieht nämlich beim gerupften Tier aus wie bei einem frierenden Menschen, der selten in die Sonne geht. Über die berühmte Gänsehaut hinaus haben Gänse uns auch noch zu weiteren Sprachbildern inspiriert: zum Beispiel wenn sie im Gänsemarsch über die Wiese watscheln, angeführt von einer kleinen Gänseliesl mit einem Kranz aus frischen Gänseblümchen im blonden Haar.

»Ein jeder, der Verstand hat, spricht, einen schönren Vogel gibt es nicht« – der Gänsevers von Wilhelm Busch besticht nicht gerade durch poetische Kraft, aber zeugt doch von guter Beobachtung. Schwanenweiß ist das Gefieder der Gänse, Schnabel und Füße leuchten in sattem Orange. Auch die dunklen Augen sind sauber mit Orange umrandet, was der Gans einen eigenartig seelenvollen Blick verleiht. Als ein wenig wichtigtuerisch und überaus geschwätzig wird sie seit alters her beschrieben; ihre hitzige Natur kühle sie durch den Verzehr von Sumpfwasser und feuchten Pflanzen. Ihre hervorstechende Charaktereigenschaft aber ist Wachsamkeit. Das laute Geschnatter einer Gänseherde auf dem Kapitol vereitelte 390 v. Chr. in letzter Minute einen Angriff der Gallier auf die Stadt Rom. Auch heute können Gänse durchaus als lebende Alarmanlagen für Haus und Hof angestellt werden. Erstaunlich sicher unterscheiden sie bei diesem Job zwischen vertrauten Menschen und Fremden, was allein schon ihre sprichwörtliche Dummheit energisch widerlegt. Auch ansonsten verhält sich die Gans ziemlich klug, vor allem wenn es um ihre Jungen, die Gössel, geht. Sorgfältig achtet sie darauf, dass ihr beim Spaziergang keines verloren geht. Und damit die ungeschlüpften Küken nicht innen an der Schale festkleben, rollt die Mutter mehrmals täglich ihre Eier mit dem Schnabel hin und her. Die entsprechenden Schnabelbewegungen führt sie allerdings auch dann noch aus, wenn ihr ein Wissenschaftler im Dienst der Verhaltensforschung die Eier entwendet hat. Also doch nur eine dumme Gans? Wirklich intelligente Tierforscher würden so was trotzdem nie behaupten. Schließlich hat auch der *Homo sapiens* unkontrollierbare Reflexbewegungen, ohne dass man deshalb seine Intelligenz anzweifeln würde.

Relativ spät ist der Mensch auf die Gans gekommen, erst im zweiten vorchristlichen Jahrtausend begann er mit der Zähmung und Züchtung. Weil die wilden Vorfahren unserer Hausgans, die Graugänse, nicht leicht lebend zu fangen waren, halfen sich die

Menschen früher gern mit einem Trick. Sie klauten die Eier aus den Nestern, ließen sie daheim von Hühnern ausbrüten und zogen die Küken groß. Bereits auf altägyptischen Wandmalereien sind neben den dunkel gefiederten Graugänsen und den damals überaus beliebten Nilgänsen schon weiße Hausgänse zu erkennen. Aber auch etwas nicht so Schönes ist darauf zu sehen: lendengeschürzte Menschlein beim Gänsestopfen. Also müssen sie es damals schon herausgefunden haben, dass Zwangsernährung die Leber der Gänse in glänzende, wohlschmeckende Fettklopse verwandelt. Auch schon die Mast war bekannt, verrät ein Text, der von Gänsen spricht »so fett, dass sie auf dem Bauche gehen«. Allein 650 731 Gänse wurden in den einunddreißig Regierungsjahren von Ramses III. an die Tempel als Opfer für die Götter und willkommene Mahlzeit für hungrige Priester geliefert.

Schlimm für die Gänse, dass sie so viel an sich haben, was der Mensch zum Leben brauchen kann. Das Schmalz verwandelt auch noch das schlichteste Brot in eine Delikatesse, diente früher als Grundlage für medizinische Salben und kosmetische Cremes. Die Federn, drei- bis viermal im Jahr zur Zeit der Mauser gerupft, füllen Kissen und Decken. Bereits im alten Rom erzielten speziell die Daunen aus Germanien Höchstpreise auf den Märkten. Nicht so anspruchsvoll waren die alten Römer, was die Herkunft der Gänsefedern betraf, mit denen sie nach einem Zwanzig-Gänge-Menü ihren Gaumen kitzelten. Und dass Gänsekiele auch einer nobleren Aktivität, nämlich dem Schreiben, dienen können, hat der Mensch sehr viel später entdeckt. Erste schriftliche Hinweise darauf stammen aus der Zeit von Kaiser Theoderich (5. Jahrhundert n. Chr.). Auffallend hoch ist der Anteil von Gänseknochen in den Abfällen mittelalterlicher Burgen, die von Archäologen säuberlich sortiert und untersucht wurden. Ein Indiz dafür, dass die Lehensabgabe der Bauern an ihre Feudalherren wohl immer Gänse beinhaltete. Auch der traditionelle Gänsebraten am Martinstag, Datum der Pachtabgabe, hat hier seinen Ursprung.

Tröstlich zu wissen, dass manche Hausgans früher trotzdem ihres Lebens sicher war. Nicht nur als lebender Fleischvorrat watschelte sie durch die Gärten ägyptischer oder griechischer Patrizier, sondern oft auch als Ziergeflügel. Ob die zwanzig Gänse der Penelope Kuscheltiere waren oder fürs Essen gemästet wurden, erwähnt Homers Odyssee nicht, nur dass sie mächtig schnatterten, als Odysseus nach langer Abwesenheit an seinen Hof zurückkehrte. Auch als Spielgefährten für Kinder wurden Gänse früher gehalten. Berühmt ist das altgriechische Vasenbild eines Kleinkinds, das seine Spielgans tollpatschig packt und ihr dabei schier die Luft abdreht.

Heute ist der Anblick von Hausgänsen eher selten geworden. Was für die Kissen oder den Braten gebraucht wird, kommt meist aus Farmen, hinter deren Mauern sensible Gemüter besser nicht schauen sollten. Dabei ist artgerechte Gänsehaltung so einfach. Nur wenig nämlich braucht eine Gans zum Glücklichsein: ihre Familie, ein Stück Wiese, ein wenig menschliche Zuwendung und zum Trinken viel frisches Wasser, den berühmten Gänsewein.

ELEFANT

Kaum auszudenken, was ein Elefant im Porzellanladen anrichten würde! Schon wenn er im Wald leckere Knollen aus der Erde buddelt oder Zweige futtert, ist die Hölle los. Da knacken die Bäume, klatschen die Ohren und Rüssel, malmen die Backenzähne, und hinterher sieht es aus wie nach Windstärke zwölf, wovon sich ein echter Urwald allerdings rasch erholt. Doch wenn sie wollen, können Elefanten auch anders, zum Beispiel auf ihren Patschfüßen fast geräuschlos durch die Savanne trotten. Und wenn sie müssen, weil der Mensch sie dazu zwingt, schaffen sie es sogar, sich mit Anmut und großer Umsicht zu bewegen. Zum Beispiel können sie auf einem Sockel balancieren oder, wie einst zu Ehren des römischen Feldherrn Germanicus, zierliche Tanzschritte vollführen und von kleinen goldenen Tellern essen.
Dieser von altrömischen Geschichtsschreibern überlieferte Dressurakt zeigt, dass Elefanten schon um das Jahr null für Zirkusvorführungen und Jahrmarktschauen missbraucht wurden. Doch so entwürdigend derartige Shows auch für die Ehre der Elefanten sein mögen, sie sind immer noch besser als der früher in Indien, Persien und Afrika übliche Kriegseinsatz der Dickhäuter. Der Besitz von Kampfelefanten, die unter ihrem bis zu achtzig Zentner schweren Körper Mensch und Mauerwerk plattmachen können, hatte zeitweise den Status einer Superwaffe. Bis weit ins Mittelalter hinein erzählten sich die Menschen in Europa noch Wunderdinge von solchen Kriegselefanten, zum Beispiel dass sie klug genug seien, sich selbst und verwundeten Menschen die Pfeile aus dem Leib zu ziehen.
Doch gut bekommen ist den Dickhäutern mit ihrer empfindsamen Seele die Kriegserfahrung sicher nicht. Mit siebenunddreißig Elefanten war 208 v. Chr. der karthagische Feldherr Hannibal zu seinem Marsch über die Pyrenäen und die Alpen nach Rom aufgebrochen, überlebt haben die anstrengende Tour angeblich nur sieben. Bestimmt nicht allein aus klimatischen Gründen, sondern auch aus psychischen; denn der größte aller Erdbewohner gehört gleichzeitig zu den friedfertigsten und hat mit Kriegen wenig am Hut. Streng vegetarisch lebt er und tut normalerweise nicht mal einer Maus was zu Leide.

Aber es gibt doch Situationen, in denen selbst der gemütlichste Dickhäuter ausrastet und damit auch für den Menschen gefährlich wird. Die Elefantenkühe attackieren jeden, der ihren Jungen nachstellt, und die Bullen drehen auf, wenn sie schlecht behandelt oder gereizt werden oder in die Brunft kom-

men, was alle paar Monate der Fall ist. In ihrer sexuellen Hochphase verhalten sie sich so unberechenbar, dass sich sogar ihre (nicht brunftigen) Artgenossen fernhalten. Die einzigen, die kein Problem haben mit den wild gewordenen Dickhäutern sind empfängnisbereite Elefantenkühe. Eigentlich ist die gefährliche Brunftzeit gar nicht zwingend nötig für den Fortbestand der Art, denn zeugungsfähig sind Bullen auch außerhalb ihrer heißen Zeiten. Aber wenn sie die Wahl haben, bevorzugen Weibchen ohne zu zögern einen brunftigen Bewerber; vielleicht weil dieser eher in der Lage ist, die aus anatomischen Gründen recht komplizierte Elefantenhochzeit durchzustehen.

In der Elefantenherde leben ganzjährig nur Kühe und Junge. Ausgewachsene Bullen haben da nichts zu suchen. Aber auch wenn sie die Männer räumlich auf Distanz halten, bleiben die Weibchen doch in Rufkontakt mit ihnen. Überhaupt sind sie, im Unterschied zu den eher wortkargen Bullen, sehr gesprächig und gesangsbegabt. Sie trompeten sich von Herde zu Herde Infos über Wasserstellen und Nahrungsplätze zu und teilen den herumziehenden Bullen mit, wann sie empfängnisbereit sind, was nur alle vier bis fünf Jahre der Fall ist, und dann nur für wenige Tage. Damit dieses seltene Ereignis nicht ungenutzt verstreicht, haben die Kühe einen speziellen Liebesruf in ihrem Klangrepertoire. Den kann der *Homo sapiens* aber ebenso wenig hören wie viele andere Rufe und Rumpellaute, mit denen Elefanten kommunizieren. Das meiste davon spielt sich nämlich im Infraschallbereich ab; im baumreichen Gelände haben lange Schallwellen einfach bessere Chancen, sich auszubreiten. Mindestens viereinhalb Kilometer, aber wahrscheinlich noch weiter, trägt ein Elefantenruf.

Der Elefant ist ein so besonderes Tier, dass man gar nicht weiß, was man zuerst erzählen soll von seinen wunderbaren und wunderlichen Eigenheiten. Als einziges Säugetier hört er sein Leben lang nicht auf zu wachsen, und außer seinen beiden Stoßzähnen hat er nur zwei Backenzähne, die aber sechsmal im Elefantenleben erneuert werden. Er kann weder galoppieren noch traben, sondern nur im Passgang schreiten; er setzt beide Beine einer Seite zusammen auf. Aber auf diese Weise kommt er ziemlich rasch voran, in ruhigem Gang an die sechs Kilometer pro Stunde. Steil bergauf geht er auf Knien, und für den Abstieg setzt er sich auf den Hintern. Sein Rüssel ist nicht nur eine verlängerte, hoch sensitive Nase, sondern ein agiler Riesenfinger, mit dem er selbst kleine Schnipsel auflesen und in den Mund befördern kann. Der Elefant weiß und fühlt auch viele Dinge, von denen der *Homo sapiens* vermutlich keine oder wenig Ahnung hat. Da er siebzig Jahre alt werden kann und dazu über ein Elefantengedächtnis verfügt, sammelt er sehr viel Wissen an. Die größten Weisheiten, die Elefanten im Lauf ihrer langen Geschichte auf der Erde gelernt haben, betreffen das Zusammenleben. Elefanten sind bekannt für ihr intensives Gefühlsleben und ihren Altruismus. Sie helfen sich gegenseitig aus der Patsche, trauern um ihre Toten, sind höflich und respektieren nicht nur ihresgleichen, sondern auch andere Lebewesen. Irgendwie scheinen sie zu wissen, dass in einer reinen Ellbogengesellschaft am Ende alle draufzahlen.

SCHWEIN

„Gefräßig und schmutzig, aber fett und appetitlich", schreibt der italienische Koch Ortensio Lando 1548 in seiner »Kurzen Aufzählung der Dinge, die man isst und trinkt«. Seine Worte bringen es auf den Punkt: Die Gefühle des Menschen fürs Schwein sind zwiespältig. Glücksbringer und Teufelswesen, hochintelligentes Haus- und gefährliches Wildtier, kulinarischer Hochgenuss und genetisch naher Verwandter des *Homo sapiens*, Inkarnation göttlicher Fruchtbarkeit, aber auch Sinnbild niederster Gesinnung – all das soll das Schwein sein! Nein, logisch ist das nicht, spiegelt mehr das Auf und Ab menschlicher Gefühle und Einsichten als schweinische Wirklichkeit wider. Die ist heute übrigens oft unter aller Sau. Nur wenig hat das moderne Hausschwein noch mit seinen Stammeltern, Eber und Bache, gemeinsam. Schlank und hochbeinig sind die Vorfahren, mit kräftigen Borsten auf dem Leib als Kälte- und Regenschutz. Mittelalterliche Darstellungen des Hausschweins zeigen zwar erste zuchtgewollte Veränderungen, aber noch trägt das Schwein einen Borstenkamm auf dem Rücken, und seinen langen Beinen traut man auch noch einen deftigen Schweinsgalopp zu. Lauter Dinge, die Hightech-Schweine allenfalls vom Hörensagen kennen. Fast nackt sind viele geworden, bekommen deshalb leicht Sonnenbrand. Und so überdimensional groß werden sie gezüchtet, dass sie sich kaum noch bewegen können und ihr armes Herz bei der kleinsten Aufregung schlappmacht.

Urheimat aller Schweine ist der eurasische Kontinent, wo die Rotten, so heißen Wildschweinrudel, schon zu prähistorischen Zeiten gejagt wurden. Ein gefährliches Unternehmen, da Eber und Bache ihr Leben und ihre Frischlinge tapfer und mit beachtlicher List verteidigen. Nur die stärksten Männer wagten sich ans Schwein, eine Erfahrung, die als Mutprobe für Helden in die Mythologie eingegangen ist. Mal siegte das Schwein, wie in der Legende vom schönen Adonis, mal der Mensch, wie im Fall des Herakles, zu dessen zwölf Heldentaten der Kampf gegen den wilden Erymantischen Eber gehörte. Sehr viel rationaler gingen die Chinesen, noch heute das Volk mit dem höchsten Schweinefleischkonsum der Welt, an die Sache. Um den gefährlichen Wildschweinjagden ein Ende zu machen, ordnete Kaiser Fo-Hi 3468 v. Chr. an, die begehrten Fleischbrocken zu zähmen und zu züchten. Was so gut schmeckt, muss geehrt werden, dachten klugerweise die Chinesen und beförderten das Schwein in die Elite ihrer zwölf Tierkreis-

zeichen. Auch die alten Ägypter sahen im Schwein nichts Schlechtes. Ihre Nachtgöttin Nut zeigte sich mal als schöne Frau, dann wieder als Leben spendende Muttersau, die ihre funkelnden Sternenferkel am Himmel spazieren führte. Ihr zu Ehren wurden in Vollmondnächten Opferschweine geschlachtet und verspeist. (Igitt, Tieropfer? Frage ist, ob die rituellen Schlachtungen wirklich schlimmer waren als die Massenvernichtung in modernen Schlachthöfen.) Wer sich bei diesen Feierlichkeiten kein echtes Schwein leisten konnte, brachte Kuchen in Ferkelform zum Tempel, berichtet der antike Reiseschriftsteller Herodot von seinen Erlebnissen am Nil. Ihm als Griechen war der Schweinekult sicher nicht unbekannt. Auch bei den Frühlingsfesten zu Ehren der griechischen Erdgöttin Ceres spielten Ferkel eine große Rolle, wovon uns bis heute das Bild vom Glück bringenden Schwein und der Ausdruck »Schwein gehabt« für gute Zufälle geblieben ist.

Wie aber kam der Argwohn gegen das einstmals glückliche Schwein in unsere Köpfe? Warum gilt das Tier den Juden und Muslimen als ungenießbar, den Christen aber nicht? Vielleicht verabscheuten die Juden das Schweinetier, weil es ihren Erzfeinden, den Ägyptern, heilig war. Vielleicht mochten sie dieses typische Kulttier der Ackerbaugesellschaften aber auch deshalb nicht, weil sie sich selbst, wie auch die ersten Muslime, zur Gruppe der Hirtenvölker zählten. Sicher teilten noch die Urchristen die jüdische Abneigung gegen das »unreine« Schwein. Doch ein Schweinefleischverbot im neu zu missionierenden Europa schien aussichtslos. Selbst der fähigste Verkünder der christlichen Lehre wäre an der Wildschweinlust gallischer Obelixe gescheitert.

Wenn überhaupt: Unrein ist das Schwein erst durch den Menschen geworden, der ihm statt Naturkost (Eicheln, Kastanien, Trüffeln) seine Abfälle zum Fraß vorwarf. Bis ins vorletzte Jahrhundert hinein wurden arme Schweine sogar als lebende Müllschlucker in Städten eingesetzt, und weil sie nicht gefüttert wurden, fraßen sie dann wirklich den letzten Dreck. Der Lust auf Schweinebraten tat das keinen Abbruch: Einhundertzehn Arten der Zubereitung listet der Bologneser Landwirt Vincenzo Tanara 1644 auf. Sein aufwendigster Serviervorschlag ist das Trojanische Schwein: »Das ganze Schwein wird geröstet und mit verschiedenen Fleischsorten gefüllt, mit Grasmücken, seinen eigenen Vulven, Eiern, Köpfen und ähnlich edlen Fleischstücken.« Zweifellos ein großes Fressen, bei dem jeder mal die Sau rauslassen konnte, mit fettglänzendem Mund, grunzenden Tischgeräuschen und schnell wachsendem Wanst.
Richtig froh ist, wer die klugen Borstentiere liebt, dass sich in der nicht gerade freundlichen Schweinehistorie auch tröstliche Beweise von Zuneigung finden lassen. Zum Beispiel jenen Grabstein, den ein alter, reicher Römer seinem Lieblingstier widmete: »Hier schläft in Frieden ein Schweinchen. Es lebte drei Jahre, zehn Monate und dreizehn Tage.«

RABE

Das Wort Rabeneltern sollte bitte schön ersatzlos aus dem Sprachschatz gestrichen werden. Es gibt nämlich kaum diszipliniertere Väter und Mütter beim Brüten, Hudern und Füttern als Rabenvögel. Für ihre Jungen ist der Rabenmutter kein Weg zu weit. Manchmal, an besonders heißen Tagen, fliegt sie schon mal extra an eine Wasserstelle, um den Nachwuchs anschließend mit ihrem nassen Bauchgefieder abzukühlen. Trotz aller Fürsorglichkeit ist die Kindersterblichkeit beim Rabenvolk aber mit fünfundvierzig Prozent im ersten Lebensjahr enorm hoch. Schuld dran sind in vielen Fällen neugierige oder aggressive Menschenhände.

Zur Rabenfamilie werden so unterschiedliche Vögel wie Eichelhäher, Dohle, Elster, Krähe und Kolkrabe gezählt. Bleiben wir mal beim Kolkraben, nicht nur der mächtigste Rabe, sondern auch der größte Singvogel der Welt. Dieser Oberkrächzer soll ein Singvogel sein? Nicht nur das! Er hat sogar einen besonders raffiniert gebauten Stimmkopf, beherrscht daher nicht nur das rabeneigene Gurgeln, Plaudern, Krächzen und Schackern, sondern kann auch fremde Vogelstimmen und sogar die Stimme des *Homo sapiens* nachahmen. Deshalb gilt er oft als das Genie unter den Vögeln, eine Art Einstein der Tiere, wofür auch sein relativ großes Gehirn spricht. Schon Aristoteles und der römische Naturphilosoph Plinius machten sich über die klugen Vögel eine Menge Gedanken. Dass sie bei Durst, wie Plinius behauptet, Steinchen in einen enghalsigen Krug werfen, um die Wasseroberfläche auf Schnabelhöhe zu bringen, wurde zwar nie bewiesen, aber zuzutrauen wäre es ihnen schon. Ähnlich vorausschauend verhalten sie sich nämlich auch bei der Nahrungseinteilung: Sie schlingen fette Beutebrocken nicht gedankenlos hinunter, sondern heben was für magere Zeiten auf. Besonders beeindruckend ist aber die eheliche Treue der Raben. Neunmal treuer als Penelope, die Mustergattin des Odysseus, und das sogar über den Tod des Partners hinaus, betont Aristoteles. In letzterem Punkt allerdings irrte der Philosoph: Verwitwete Raben suchen sich neue Partner, und das sogar ziemlich rasch.

Bei aller Faszination, ein bisschen unheimlich waren die Raben den Menschen aber doch. Schon allein wegen ihrer Erscheinung. Dabei sieht er eigentlich prächtig aus, der Rabe mit seinem metallisch glänzenden Anzug, dem stattlichen Brustgefieder, den Borstenfedern auf dem mächtigen Schnabel und den nachdenklichen Augen. Betrachtet man das Tier allerdings mit abergläubischem Blick, kann einem

schon angst und bang werden. Dieses rabenschwarze Gefieder, ohne ein einziges Sprenkelchen Weiß oder noch so kleine Farbtupfer! Ein Traueranzug, munkelten die Menschen früher. Warum muss sich der Rabe auch ausgerechnet an jenen Plätzen herumtreiben, wo der Teufel die armen Seelen holt – an Richtstätten und auf Schlachtfeldern? (Heute zieht es Kolkraben an mörderische Autobahnen und auf Mülldeponien). In Wirklichkeit haben Raben mit dem Teufel nichts am Hut, sie sind einfach Aasfresser, fressen sogar noch im Kinderspiel den Reiter, der beim Hoppe-Hoppe im Graben gelandet ist.
Nur die alten Germanen konnten in der Leichenfledderei des Rabenvolks nichts Böses sehen. Im Gegenteil: Nach gewonnener ebenso wie verlorener Schlacht überließen sie gefallene Kameraden den schwarzen Vögeln. Die standen in ihrer Mythologie nämlich dem höchsten Gott Wotan, der auch Gott der Krieger war, zur Seite. Zwei von ihnen, Munin und Hugin, waren seine engsten Vertrauten und Berater. Der eine kannte die Vergangenheit, der andere die Zukunft, und beide versorgten den Germanengott täglich mit Infos über Land und Leute.

Hugin und Munin blieben zeitlebens Singles, was schon zeigt, dass sie keine normalen Raben waren. Die sind nämlich sehr gesellig, und selten allein. Flügge gewordene Junge tun sich in Schwärmen zusammen. Wahrscheinlich weil es ihnen Spaß macht, aber auch aus einem praktischen Grund: Treten die halbstarken Raben in der Gruppe auf, werden sie von den Revierbossen, meist ein erwachsenes Rabenpaar, weniger drangsaliert. Relativ unbehelligt dürfen sie jagen oder die Felder zu Fuß nach Essbarem absuchen. Selten sind es weniger als neun Tiere, die sich verbünden, aber es können auch mehr als hundert sein. Je größer die Jugendgruppe, desto besser die Chancen, mit dem anderen Geschlecht anzubandeln. Raben sind sehr heiratsfreudig, doch nicht jeder hat das Glück, einen Partner zu finden, schon gar nicht auf Anhieb in der ersten Balzsaison. Hat es aber zwischen zwei Raben gefunkt, macht das Männchen einen Heiratsantrag, verneigt sich vor seiner Dame, mit für Menschenaugen seltsamen Würgebewegungen. In Rabensprache: Nimm mich, ich füttere dich auch gut durch. Fast immer hat das Erfolg bei der Räbin.

Ein beeindruckendes Bild, so ein Rabenschwarm, der wie eine schwarze Wolke mit lautem Kraa-Kraa über den Himmel zieht. Nur speziell geschulte Orakelpriester, die Auguren, beherrschten im alten Rom die Kunst, aus den Flugformationen der Vögel die Zukunft zu lesen. Flogen die Raben von rechts nach links, war eine bevorstehende Schlacht so gut wie verloren. Auch heute noch murmeln manche Menschen beim Anblick von Raben schnell mal was von Unheil und schädlicher Plage. Ein Unsinn, der die Vögel bei uns fast ausgerottet hätte; der Bestand ist in manchen Teilen Deutschlands noch immer praktisch auf null. Aber wo es sie noch gibt, da treten Raben nun mal in Schwärmen auf. Was auch dem Dichter Friedrich Rückert aufgefallen war. »Der Adler fliegt allein, der Rabe scharenweise, Gesellschaft braucht der Tor und Einsamkeit der Weise«, reimte er, und bewies damit, dass er von Raben wenig Ahnung hatte.

PFERD

Wie das Pferd seine Nüstern rümpft, die Zähne zeigt, die Augen verdreht, die Ohren stellt, den Schweif hält, die Hufe hebt, wie es schnaubt, röhrt und wiehert – all das gehört zum Pferdevokabular. Nur wirklich begabte Menschen bringen es in dieser Fremdsprache zu einer solchen Perfektion, dass sie den Namen Pferdeflüsterer verdienen. Pferde hingegen haben eine Naturbegabung in Menschenflüsterei. Zwar hat der *Homo sapiens* keine großen Ohren und auch keinen Schweif, an dem ihm das Pferd seine Wünsche ablesen könnte, aber es orientiert sich an Tonfall, Atemgeräuschen und kleinsten Bewegungsveränderungen seiner Menschen. So wie der berühmte kluge Hans. Er war das Lieblingspferd eines preußischen Mathematikprofessors, lebte vor rund zweihundert Jahren und verblüffte die Wissenschaft mit seiner Intelligenz. Nicht nur zählen konnte er, sondern sogar einfache arithmetische Aufgaben lösen. Zwei und vier? Sechsmal stampfte der Hans bei dieser Frage mit dem Vorderhuf auf. Aber dann kam die Wahrheit ans Licht, und die Wissenschaftler waren entrüstet. In ihren Augen war Hans jetzt doch nur ein dummes Pferd, denn er konnte gar nicht kopfrechnen, sondern »nur« die Körpersprache der Menschen deuten, die ihn befragten. Bei der korrekten Antwort hielten die nämlich die Luft an. Ein ziemlich sensationeller Fall von Menschenflüsterei, das macht dem Pferd so schnell keiner von uns nach.

Zu seiner größeren Sicherheit lebt das Pferd am liebsten in einer Herde, nach dem alten Clanprinzip: Gemeinsam sind wir stärker. Auf der Hut bleibt es aber immer, ständig spähend und witternd, jederzeit bereit davonzugaloppieren. Jähe oder lieblose Berührungen rufen in ihm böse, tief im kollektiven Pferdeunbewussten gespeicherte Gefühle wach: Erinnerungen an von Bäumen springende Raubtiere und Krallen, die sich tief ins Pferdefleisch bohren. Trotzdem können Pferde lernen, sich satteln und reiten zu lassen, auch auf die Gefahr hin, anschließend mit beißenden Peitschenhieben in die Flucht gejagt zu werden (Letzteres nennt der Mensch Pferderennen). Und weil Pferde von ihrem ganzen Wesen her sehr großzügig sind, begrüßen sie ihren Menschen dann am nächsten Tag mit zärtlichem Wiehern, als sei nichts gewesen.

Wunderschöne Zeichnungen haben die Urmenschen von den ersten *Equidae*, den Urpferden, auf ihre Höhlenwände geritzt, aber auch eine perfide Jagdtechnik erfunden: Gleich ganze Rudel jagten sie

über Felsklippen, und was dann unten im Abgrund lag, war der Festschmaus für die steinzeitliche Großfamilie. Aber irgendwann vor fünf- oder sechstausend Jahren bestieg der Mensch das Pferd, und damit begann ein ganz neues Kapitel. Zentauren und Amazonen erstanden in der menschlichen Traumwelt. Wie überirdische Wesen waren die ersten Reiter/innen ihren bodenständig gebliebenen Artgenossen erschienen. So begann der Aufstieg der *Equidae* von der Eiweißquelle zum lebenden Transportmittel. Auf dem Rücken der Pferde wurde der *Homo sapiens* reiselustiger und die große Welt zum ersten Mal ein bisschen kleiner.

Ganz oben in der menschengemachten Hierarchie der Tiere steht das Pferd. Es darf sogar beim Königsspiel Schach mitziehen, gilt als edel, treu, wird kostbar geschmückt, ist begehrtes Tauschobjekt, Diebesgut und gewinnbringende Aktie im Rennstall. So groß kann die Hochachtung werden, dass sie sogar Barrieren in den Herzen der Menschen niederreißt. 1994 war ein Hengst aus dem Stall des jordanischen Königs am Roten Meer ausgebrochen und ins benachbarte israelische Eilat gepaddelt. Es wurde von den Israelis mit militärischem Geleit an die Grenze gebracht, offiziell zurückgegeben – und die Beziehung beider Länder war danach gleich viel entspannter.
Für viele Tiere wäre es aber besser gewesen, der Mensch hätte sie nie kennen und lieben gelernt. Das trifft leider auch für das Pferd zu. »Mein bester Soldat«, nannte Napoleon seinen Schimmel, den er mit in die Verbannung nach St. Helena nehmen durfte. Ein schwacher Trost für viele Millionen Pferde, die in Jahrtausenden auf Schlachtfeldern verblutet sind, als Opfer von Kriegen, die sie nicht angezettelt haben. Aber vielleicht haben militärische Kameradschaft und die Ross-Reiter-Verschmelzung doch langfristig Gutes für die Pferde gebracht: Die Lust auf Pferdefleisch ist dem *Homo sapiens* nämlich durch die innige Nähe allmählich abhanden gekommen. Nur an hohen Festtagen verzehrten Germanen und Kelten das ihnen heilige Fleisch vom Pferd. Und weil diese heidnischen Abendmahle dem neuen Christentum ganz und gar nicht gefielen, gab es 732 ein päpstliches Verbot durch Gregor III. Heute gilt es nicht mehr, aber die Abneigung ist geblieben.

Doch weg von der Salami, zurück zum lebenden Pferd, wie wir es am meisten lieben: mit von der Sonne durchwärmtem Haarkleid, zartem Schnauben und nibbelnden Lippen. Wer um das Geheimnis der Pferdeküsse weiß, kennt auch den direkten Weg ins Pferdeherz und -gedächtnis. Nase an Nase, am Geruch des Atems, lernen sich Pferde gegenseitig kennen und lieben. So küssten sich auch die Menschen, bevor sie den Lippenkuss entdeckten.

SKORPION

Ist der Skorpion eitel? Eine absurde Frage angesichts seiner wenig attraktiven Erscheinung. Und doch kreiden ihm afrikanische Fabeln genau diese Charakterschwäche an. Geschockt vom Anblick des Eulenkopfs habe er den großen Schöpfergott beschworen, ihm das hässliche Anhängsel zu ersparen. Und das hat er nun davon: Nur aus einem Rumpf, vier kräftigen Beinpaaren, einem sechsfach gegliederten Schwanz, zwei Kieferfühlern und zwei langen Kiefertastern, die aussehen wie Krebsscheren, scheint er gemacht. Doch der Schein trügt. Kopflos ist der Skorpion nicht, nur ist sein Kopf, wie bei den meisten Spinnentieren, übergangslos mit der Brust verschmolzen.

Als Spinnentier hat es ein Lebewesen ja schon schwer genug, die Sympathie des *Homo sapiens* zu erregen. Für den Skorpion mit seinem giftigen Stachel liegen die Chancen praktisch bei null. Weil ihm die Gefühle des Menschen aber herzlich egal sind, krümmt er seinen Schwanz beim Laufen nach vorn und trägt den Dorn mit seinen beiden Giftdrüsen geradezu herausfordernd vor sich her. Derartig kriegslüstern sieht auch noch der spillerigste Skorpion damit aus, dass die alten Römer eine ihrer gefürchtetsten Wurfmaschinen Scorpius nannten.

Schrecklich übertrieben sind allerdings die Horrorstorys, die sich die Menschen seit alters her von skorpionischer Mordlust erzählen. Es stimmt nicht, dass sich Skorpione von der Zimmerdecke auf arglose Schläfer herabfallen lassen, um sie zu stechen. Und man muss auch nicht ihren Stachel zerstampfen und mit Spucke zu einer Heilpaste verreiben, um ihrer Attacke lebend zu entgehen. Die Wirklichkeit ist weitaus unspektakulärer. Eher selten setzt der Skorpion seine chemische Waffe ein, der harte Klammergriff seiner Zangen reicht fast immer, um das Beutetier zu erledigen. Nur wer in seiner Todesnot zu wild herumzappelt wird per Gift vorab erledigt. Große Wesen wie den *Homo sapiens* greift der Skorpion nicht an, zückt seinen Stachel nur, wenn er sich von dessen Schuhen oder Händen in die Enge getrieben fühlt. Je größer das Tier, desto giftiger und schmerzhafter der Stich, doch tödlich für den Menschen ist er so gut wie nie.

Sticht sich der Skorpion wirklich selbst zu Tode, wenn alle Fluchtwege versperrt sind? Wahrscheinlich gehört die Behauptung weniger zu den zoologischen als zu den astrologischen Wahrheiten. Bemerkenswert einig sind sich jedenfalls alle alten Sternkunden, dass im Sternzeichen Skorpion gebo-

rene Menschen den Stachel ihrer beißenden Kritik am liebsten gegen sich selbst richten. Manchmal scheint es fast, als wisse man mehr übers gleichnamige Sternzeichen als über das echte Gliederspinnentier. »Der Grabende« bedeutet Skorpion, obwohl von den rund sechshundert Arten allein der Dickschwanzskorpion die Technik beherrscht, sich in den Sand einzuschaufeln.
Nur in den wärmeren Gegenden der Erde fühlt sich der Skorpion zu Hause, lebt und jagt aber bevorzugt in den kühleren Nachtstunden und ist dabei ein eher anspruchsloser Jäger und bescheidener Esser. Fast zwei Jahre können einige Skorpionarten ohne Nahrung auskommen. Was und wie scharf der Skorpion mit seinen insgesamt vier Augen sieht, weiß niemand so genau. Nur dass er gut hört, ist bekannt, allerdings nicht mit Ohren, sondern wie alle Spinnentiere mit den Füssen. So reich an Nervenenden sind die zwei entsprechenden Organe an der Unterseite des Rumpfes, dass sie auch ultrafeine Vibrationen der Erdoberfläche registrieren. Vielleicht fühlt der Skorpion damit aber auch Dinge, von denen der *Homo sapiens* mit seinem grundverschiedenen Sinnesapparat gar nicht wissen kann, dass es sie gibt.

Lässt sich denn gar nichts Nettes über den Skorpion sagen? Sogar die alten Ägypter brachten dem vermeintlich todbringenden Tier keine besondere Zuneigung entgegen – aber immerhin Respekt. Nach ihrer Mythologie hatte es ihren Lieblingsgott, den falkenköpfigen Horus, zu Tode gestochen. Aber weil die Ägypter das Sterben nicht als Ende, sondern als notwendige Passage zur Wiedergeburt erachteten, nahmen sie das dem Skorpion nicht übel, sondern ehrten in ihm die Macht des Todes. Auch ein Symbol für Sexualität und Fruchtbarkeit sahen sie in ihm – als hätten sie schon vorausgeahnt, was Zoologen über das faszinierende Sexleben der geheimnisvollen Gliederspinne herausgefunden haben.

Eigentlich ist der Zeugungsakt der Skorpione von großer Schlichtheit: Der Mann legt seinen Samen als Paket ab, die Partnerin nimmt ihn auf, in dem sie sich drauflegt. Aber welch ein Verlocken und Verführen geht diesem einfachen Vorgang voraus! Zuerst packt das Männchen seine Auserwählte, zieht sie an sich, umgarnt sie mit seinen kleinen Zangen, bis sie endlich ihr Ja signalisiert. »Hand in Hand«, Kiefertaster an Kiefertaster, muss dann ein schöner, fester, möglichst ebener Boden gesucht werden. Mehrere Stunden, manchmal auch Tage, dauert der Hochzeitstanz, bis das Männchen sein Weibchen endlich übers Samenpaket zieht und ruckelt. Ist das Werk vollbracht, bleiben beide erst mal erschöpft, vielleicht auch glücklich, zusammen liegen. Ganz ohne männliche Hilfe bringt die Skorpionfrau dann ihre Nachkommen auf die Welt: Dutzende weißlicher, zappelnder Skorpionzwerge, die sie geduldig auf dem Rücken trägt, bis die Jungen selbst auf sich aufpassen können. Oft haben ein paar Spätentwickler den Absprung noch nicht geschafft, wenn die Mutter schon wieder Lust bekommt, die ersten Bewerber auftauchen und das Spiel von neuem beginnt.

SCHAF

Bäh“, sagt das Schaf, und damit beginnt schon das Missverständnis. Bäh ist für den Menschen Ausdruck von Ekel und Verdrossenheit, für Schafe aber der Urlaut schlechthin. Die Silbe ihrer Sehnsucht nach Weide, Wind und Schafsein. Zum Letzteren gehört für sie zuallererst die Nähe zu ihren Artgenossen, am besten so zwanzig oder dreißig an der Zahl. Genau genommen stecken in jedem Schaf zwei Persönlichkeiten. Es ist ein Einzelwesen und gleichzeitig das Glied einer größeren Einheit, genannt Herde. Ein Schaf allein kann nie glücklich sein. Es fehlt ihm seine größere Hälfte, jene, die ihm den Rücken stärkt, die Angst nimmt und das Gefühl gibt, am richtigen Platz zu sein. Nichts Schöneres gibt es für Schafe, als abends zusammenzurücken, gemeinsam wiederzukäuen und die Erlebnisse des Tages zu verdauen. Aber auch nichts Sichereres bei Gefahr, denn Leib an Leib verschmelzen Schafe zu einem wabernden Großwesen, das potenzielle Feinde mehr einschüchtert, als ein einsames Schaf das je könnte. Reichlich beschränkt ist also der Mensch, wenn er den Herdentrieb nur als dumm verachtet. Ihm sind Solidarität und Gruppensinn auf seinem Weg zur Krone der Schöpfung nämlich fast verloren gegangen. Er denkt sich als Einzelwesen und wird darüber oft trübsinnig.

Sanft wie die Schafe sind, kennen sie nicht einmal Futterneid. Ist genügend Platz für alle auf der Weide oder am Trog, drängelt keins das andere weg oder verschlingt aus Missgunst mehr als ihm gut tut. Ob die Lammfrommheit der Schafe allerdings so weit geht, uns Wolle, Milch und ihr Leben zu »schenken«, wie es so nett heißt, muss hinterfragt werden. Wahrscheinlich ist es richtiger, sich einzugestehen, dass wir das Schaf systematisch beklauen. Die Wolle wenigstens, die wächst nach, und zum Dank führen wir die lebenden Wollknäuel auf saftige Weiden und bauen ihnen schöne, luftige Unterstände. Aber was hält das Schaf von diesem Tauschgeschäft? Langsam, vorsichtig kehrt so ein frisch rasiertes Schaf zu seinen geliebten Mitschafen zurück, schubbert sich zärtlich an dem einen und anderen. Schämt es sich, wie der Mensch nach einem versauten Haarschnitt? Ist ihm zu kühl? Oder will es den anderen zeigen: Ich bin's, auch wenn ich jetzt komisch aussehe?

Schäfer, sagen uns die Historiker, ist einer der ältesten Berufe der Welt, und das Schaf zusammen mit Ziege und Hund eines der ersten Haustiere. Vor etwa fünfzehn Millionen Jahren trabte ein Tier über die nördliche Halbkugel, das als Ahnfrau von Schaf, Antilope, Ziege und Gazelle gilt: ein flinkes, hohl-

hörniges Wesen mit Grübchen unter den Augen und einer Doppeldecke auf dem Rücken. Das längere und gröbere Deckhaar war von der Natur als Regen-, das feine weiche Unterhaar als Kälteschutz gedacht. Vor circa neuntausend Jahren hat der *Homo sapiens* dann die ersten Wildschafe gefangen, gezähmt und mit jenem Spiel begonnen, das er bis heute über alles liebt: Züchtung, besser gesagt: die Neugestaltung des Prototyps nach seinem Willen. Zuerst kam ihm die praktische Idee, den Weibchen die Hörner wegzumendeln. Den Widderböcken ließ man die Zier. Wahrscheinlich weil sie damit gut und männlich aussehen, vielleicht auch, weil sich auf den Hörnern dumpfe bis schrille Töne blasen lassen. Das Widderhorn ist eines der ältesten Musikinstrumente, besonders beliebt als Unterstützung von Kriegsgeheul, inzwischen total aus der Mode; eine Sinfonie für Widderhorn wurde nie geschrieben, nur noch in der jüdischen Liturgie erklingt der Ton. Um 1500 v. Chr. bastelte der Mensch dann seinen ersten Webrahmen, legte bei der Züchtung ab sofort noch mehr Wert auf dichtes, festes Vlies als auf Fleisch und Horn. So begann die Zucht von Schafen, die mit von Wollfett und Schweiß zu dicken Knäueln verfilzten Strähnen rumlaufen wie Rastafari.

Das wohl berühmteste Schaf der Welt heißt Dolly, wurde im Roslin Institut in Edinburgh geklont, gezeugt also unter absoluter Umgehung eines wie auch immer gearteten Schäferstündchens zwischen Mutter- und Vatertier. Das ist ein Eingriff, den uns die Götter der Fruchtbarkeit ernstlich übel nehmen könnten. So gerne liebt und eifrig zeugt der Widder nämlich, dass unsere Vorfahren in ihm eine göttliche Inkarnation sahen. Weshalb er auch die Ehre erfuhr, in den elitären astrologischen Tierkreis aufgenommen zu werden. Von diesem alten Widderkult ist die gesamte Schäferromantik mit ihren Pastoralen und Schmuseversen nur noch ein matter Abklatsch, denn der heidnische Fruchtbarkeitsgott hat ausgedient, wurde von mittelalterlichen Kirchenvätern gemeinsam mit dem Ziegenbock zur geilen Teufelsgestalt umfunktioniert. Dabei ist der Bock, der echte auf der Weide, ein wirklich sympathisches Tier, und falls er nicht falsch erzogen wurde, nicht einmal besonders aggressiv. Höchstens in der Zeit des Frühlings, wenn es ans Lämmermachen geht, entwickelt er gesunden Egoismus, verteidigt seinen Harem notfalls mit Klauen und Hörnern gegen fremde Böcke.

Ach, so eine Schafherde, die über die Flure wandert, geführt von einer anmutigen Schäferin oder einem wortkargen Schäfer – ein archaisches Bild, das Frieden und Ruhe ausstrahlt. Doch vielleicht schon bald für immer vorbei. Auch den Schafen droht die Massenhaltung, in Großställen, ohne Sonne und Schäfchenwolken. Sollte es wirklich so weit kommen, wird nicht nur die Seele der Schafe, sondern auch unser Boden verkümmern. Der so genannte goldene Tritt ihrer kleinen Hufe wirkt wie eine kräftigende Massage für gestresste Böden, festigt ihn, ohne die Grasnarbe zu zerstören, lässt die Pflanzen kräftiger wachsen und blühen – weshalb jeder Imker weiß: Waren vor den Bienen die Schafe da, schmeckt der Blütenhonig besser.

WOLF

Sein nächster Verwandter ist der Hund, das meistgeliebte Tier des Menschen. Doch von dieser Liebe bekommt er kaum was ab. Als blutrünstiger Killer wird er beschrieben, zum Schoßhund des Teufels stilisiert. Wer sich vom ihm verzaubern oder faszinieren lässt, flirtet mit dem Tod – warnen die Märchen. Schon die Bibel hat den Wolf zum Symbol für die dunkle, gefährliche Seite im Menschen erkoren. »Hütet euch vor den falschen Propheten. Sie kommen zu euch in Schafskleidern, inwendig aber sind sie reißende Wölfe«, heißt es in der Bergpredigt.

Aber wer ist der Wolf wirklich? Mit den nüchternen Augen der Zoologie betrachtet gehört er zur Klasse der Säugetiere, zur Unterklasse der lebendgebärenden Säugetiere, zur Ordnung der Raubtiere, zur Unterordnung der Landraubtiere und zur Familie der Hundeartigen. Von Natur aus böse und blutrünstig ist der Hundeartige nicht – nur ebenso wenig Vegetarier wie der *Homo sapiens*. Was jener heute mit Bolzenschuss besorgt, erledigt der Wolf, wenn die Jagd glücklich war, mit seinen messerscharfen Reißzähnen. Wild, Geflügel, Schwein, Lamm und Kalb – die Leckerbissen des Menschen schmecken auch ihm. Das erzeugt unweigerlich Futterneid und ist die Wurzel des jahrtausendealten Konflikts zwischen Mensch und Wolf. Wölfischer Hunger auf Menschenfleisch gehört allerdings ins Reich der Angstmärchen – viel zu scheu leben und fühlen die Hundeartigen. Doch wer hat sie dann verbrochen, die Überfälle auf kleine Kinder und arglose Frauen, von denen bis ins 18. Jahrhundert hinein so oft die Rede ist? So genau lässt sich das heute nicht mehr aufklären, aber häufiger als die scheuen Wölfe waren es wohl verwilderte, tollwutkranke Wolfshunde.

Die häufigste aller Wolfsarten, früher in Nordamerika, Nordwestafrika, Asien und in fast ganz Europa beheimatet, ist der »gemeine« Wolf. Was ausnahmsweise keine Anspielung auf seine angebliche Bösartigkeit ist, sondern ein Hinweis auf seine damals zahlenmäßig große Verbreitung. Nach den erbarmungslosen Wolfshatzen der letzten Jahrhunderte steht der fast ausgestorbene *Canis lupus* heute weltweit unter Schutz, ist zur Attraktion von Wildparks geworden und zum Star von TV-Programmen. Selbst noch hinter Gittern oder auf dem Bildschirm verspricht sein Anblick Nervenkitzel und Gruselgefühle. Aber wer den Wolf wirklich zu Gesicht bekommt, erlebt eine Überraschung; denn schön und stolz sieht er aus, kein bisschen wie das

Grimmsche Märchenmonster mit großen Augen und lächerlicher Omahaube. Kommt erstaunlich schmächtig daher, auf langen Beinen, mit hungrig wirkender Silhouette. Auffallend sind die aufmerksamen Ohren, die buschige Rute, die je nach Rangplatz im Rudel hoch getragen oder ans Hinterteil gekniffen wird, und der distanzierte, nervöse Blick.

Nein, Liebe wie aus Hundeaugen kommt dem Menschen da nicht entgegen. Wie denn auch? Der Wolf hat ja nun wirklich nichts Gutes vom *Homo sapiens* zu erwarten. So wie uns sitzt ihm die alte Erbfeindschaft in den Genen. Aber es gab auch mal ganz andere Zeiten auf der Erde. Hart ging das Leben in Urzeiten zu. Auch für die Wölfe, die damals viele ihrer Überlebensstrategien entwickeln und trainieren konnten. Noch hatten die Menschen nicht damit begonnen, Tiere zu züchten und sie in die Kategorien nützlich – schädlich einzuteilen. Sehr genau beobachteten die Jäger und Sammler alle Lebewesen, mit denen sie ihr Territorium und ihre Jagdbeute teilten. In ihrer Welt existierte weder Tierliebe im heutigen Sinn noch Hass auf Wölfe, vielleicht eher eine uns unbekannte Gefühlsmixtur aus Faszination, Furcht und selbstverständlicher Akzeptanz. Gut möglich, dass sich die frühen Menschen den Wölfen sogar seelisch nahe fühlten. Lebten die nicht ähnlich wie sie selbst: in einer Sippe, immer auf der Hut und immer auf der Suche nach Plätzen, wo es gut jagen war? So beeindruckend fanden nordamerikanische Indianer die Weisheit des Wolfs, dass sie in ihm den Urvater der Menschen sahen. Bewunderung verspürten auch die Germanen, sie erhoben den Wolf zum Begleittier ihres obersten Gottes Wotan, schmückten sich mit Wolfsnamen und erzählten sich vielleicht schon damals jene Geschichten, die sich hartnäckig bis heute halten: Legenden von Wolfsmüttern, die verlassene Menschenkinder aufziehen. Aus Dankbarkeit für ihre Tiermutter sollen auch die Zwillinge Remus und Romulus die Stadt Rom gegründet haben, an der Stelle, an der eine Wölfin sie als Neugeborene gefunden hatte. Vielleicht der Grund, warum die Italiener von allen Europäern am wenigsten Angst haben vor dem bösen Wolf und in den Abruzzen sogar ein paar wilde Rudel überleben konnten.

Teamgeist, Arbeitsteilung und sorgfältige Erziehung der Welpen sind die Erfolgsrezepte der inzwischen weltweit nur noch hundertdreißigtausend Wölfe. Bis zur Erschöpfung sorgen Leitwolf und Alphawölfin für die Gruppe, bis zur Selbstaufgabe übernehmen rangniedere Wölfe ihren Job im Rudel. Warum nur kann sich die Wolfsseele so gut ins Unvermeidliche fügen? Vielleicht liegt das Geheimnis im nächtlichen Chor, mit dem sich das Rudel in Jagdlaune singt und seines Zusammenhalts versichert. Wenn die Dunkelheit kommt, rücken Wölfe zusammen, und jedes Rudelmitglied heult seinen eigenen Ton. Keiner macht dem anderen seine Melodie streitig – eine Form von Großzügigkeit, die sich seit Jahrtausenden bewährt. Nicht nur für Wölfe.

TAUBE

Fangen wir ausnahmsweise mal bei den Tauben zweiter Klasse an, den Stadttauben. Sie sind die Parias unter den Tieren, diejenigen, die im Schmutz leben und dafür im Park vergiftet oder im Morgengrauen abgeschossen werden. Als Plage gelten sie, als Ratten der Lüfte werden sie beschimpft. Schmutziges Gesindel, das am besten vernichtet gehört, meint ausgerechnet der *Homo sapiens*, der die größte denkbare Luft, Wasser- und Bodenverschmutzung auf diesem Planeten angerichtet hat.

Aber schauen wir doch mal vorurteilsfreier an, was da im Innenhof gurrt, geschäftig über den Dachfirst stolziert oder im öffentlichen Brunnen planscht? Hübsche Vögel mit glatten Köpfen, erbsenrunden Augen, meist schieferblauem Gefieder und weißem Bürzel, zwei schwarzen Querbinden auf den Flügelschildern, wippendem Gang und kollektiven Panikreaktionen. Verwilderte Haustauben sind sie, Nachkommen ehemaliger Zuchttauben, die ihrerseits alle von der Felsentaube abstammen, einem Vogel, der auch heute noch in Bergwänden oder auf Küstenfelsen lebt. Warum der Mensch sie zu sich geholt hat? Wahrscheinlich ist die Taube freiwillig gekommen, hat die Nähe menschlicher Siedlungen gesucht (wegen der Abfälle), ist zuerst nur geduldet, später gefangen, gezähmt und gezüchtet worden.
Beim Stichwort Taubenzucht sind wir dann auch schon bei den Tauben erster Klasse, jene, die nicht als Drecksplage abgewertet, sondern als Kostbarkeit gehütet werden. Die Rede ist von den sogenannten Sport-, Wirtschafts- und Schönheitstauben, allesamt Produkte ehrgeiziger Taubenzucht, ein menschliches Hobby, das in Europa auf eine jahrhundertealte Tradition zurückschauen kann und – nebenbei bemerkt – die städtische Taubenplage zu verantworten hat. Bei der Herstellung von Schönheitstauben geht es einzig darum, fürs Expertenauge attraktive Merkmale zu maximieren, sozusagen lebende Kunstwerke zu schaffen. Die sogenannten Wirtschaftstauben dagegen sind für die Küche da. Im Zeitalter von Hamburger- und Kotelettkultur ist Taubenfleisch allerdings eher selten auf Speisekarten zu finden; früher galt es als Delikatesse, die zum erträumten Schlaraffenland gehörte wie der Berg aus Götterspeise und der Fluss aus Limonade.
Die Krönung allen züchterischen Bemühens aber sind die Sporttauben. Einerseits die Kunstflieger, die in der Luft tummeln, purzeln und rollen und auf ein Signal ihres Besitzers gehorsam zum Boden zurückkehren. Andererseits die Brieftauben, bei denen die natürliche Schnelligkeit, Ausdauer und der phäno-

menale Orientierungssinn des Taubenvolks auf Rekordhöhe getrimmt wurden. Bis zu siebenhundert Kilometer können Superstars an einem Tag zurücklegen und dazu eine »Heimfindeleistung« von zweitausend Kilometer erbringen.
Wie sich die Tauben im Himmel und auf der Erde so gut zurechtfinden, ist übrigens bis heute nicht wirklich geklärt. Soviel steht aber fest: Beim Erkennen von Landschaftsformen stellen sie sich klüger an als der Mensch. Und zwei ihrer Leitsysteme, die terrestrischen Magnetfelder sowie polarisiertes Sonnenlicht, sind fürs Sensorium des *Homo sapiens* nicht wahrnehmbar. Eine Schar Tauben nutzten Seefahrer deshalb als Piloten zum Heimathafen, berichtet Homer in der *Odyssee*. Per Taubenpost erhielt Julius Cäsar rechtzeitig Nachricht von den drohenden Aufständen in der Provinz Gallien, sehr zum Leidwesen von Asterix und Co. Und was später in Deutschland berittene Postillione besorgten, wurde im Orient für viele Jahrhunderte besser und einfacher von Brieftauben erledigt. Entlang der wichtigsten Heerstraßen in Ägypten und im heutigen Irak standen Taubentürme für die Vielflieger. Um der geflügelten Post mehr Glaubwürdigkeit zu verleihen, war auf die Taubenschnäbel das Wappen des jeweiligen Landesherrn eingebrannt.

Die Taube hat keine Galle, behaupteten steif und fest antike Zoologen und Mediziner. Das war ihre Erklärung für die Sanftmut der Tauben, die ebenso sprichwörtlich wurde wie deren Schönheit und Liebeslust. So reich an taubenfreundlichen Kommentaren sind Mythen und Volksmärchen, dass man daraus schließen kann: Die heute zunehmend verfemten Vogeltiere gehörten früher zu unseren Lieblingen wie Katzen und Hunde. »Schön bist du wie eine Taube«, flötet König Salomo im altbiblischen Hohen Lied zu Ehren seiner Geliebten. In den Tempelgärten Zyperns und Griechenlands wurden weiße Tauben als Ziergeflügel für die schaumgeborene Aphrodite gezüchtet. Eine weiße Taube war es auch, die der Familie Noah das Ende des Großen Regens und die Versöhnung mit Gott kundtat. Seitdem ist sie, mit einem Ölzweig im Schnabel, weltweites Symbol für Frieden und Friedfertigkeit. Später wurde sie sogar zum Bild des christlichen Gottes erhoben, in seiner dritten Form: dem Heiligen Geist.

Warum die Vögel auch Sinnbild menschlicher Liebe wurden, ist leicht einzusehen. Schauen wir hin, was sie so den ganzen Tag auf den Dächern veranstalten: Sie turteln und schnäbeln. In unser Gefühlsvokabular übersetzt: Sie flirten und küssen. Eigentlich schade, dass sie restlos aus den Städten verschwinden sollen. Füttern ist heute per Gesetz verboten. Gut, dass dies noch nicht zu Zeiten von Aschenputtel galt. Aus Dank für die Erbsen, die das Mädchen ihnen zukommen ließ, sorgten Tauben dafür, dass sie ihren Prinzen bekam.

FISCH

Ein bisschen unfair ist es schon, das unüberschaubar große Reich der Fische in diesem Buch mit nur zwei Repräsentanten abzuhandeln. Denn Zehntausende unterschiedlicher Arten bewohnen die salzigen und süßen Wasser der Erde. Darunter wenige Zentimeter kleine Zwerge und meterlange Riesen; solche, die in den tiefsten Tiefen des Ozeans gründeln, und andere, die sich in Hochgebirgsbächen tummeln. Fische gibt´s, die nur wenige Monate leben, und solche, die an die hundert Jahre oder vielleicht sogar älter werden; einige halten Winterschlaf, andere verschlafen den heißen Sommer, und wieder andere sehen überhaupt nicht aus wie Tiere, sondern wie Blumen.
Fische sind stumm, und die Welt, in der sie leben, ist still – dachte man früher. Jetzt weiß man es besser. In der Tiefe der Ozeane, Meere und Süßwasserteiche herrscht ein Lärm wie an einer gut befahrenen Bundesstraße. Ständig rauschen die Strömungen, reibt das Wasser gegen den Boden, grummeln die Wellen und melden sich jede Menge Wasserbewohner zu Wort. Wie viele Fischarten insgesamt zum allgemeinen Geräuschpegel beitragen, ist noch nicht bekannt. Gezählt sind schon über hundert. Die Spitzentenöre unter den Tiefseesängern sind zweifellos die Wale, und die begabtesten Redner die Delfine, beide gehören aber streng genommen nicht zu den Fischen, sondern sind wasserlebende Säugetiere. Bis heute kann niemand genau erklären, wie diese großen Meeressäuger ihre Melodien, Pfeifkonzerte und Klickgespräche ganz ohne Stimmbänder produzieren. Auch kein Organ, wie den Stimmkopf der Vögel, hat man in ihrer Anatomie gefunden. Von vielen anderen Wasserwesen weiß man aber, wie sie ihre Grunz-, Quiek- und Trommelgeräusche produzieren: durch Aneinanderreiben der Zähne oder Flossen oder durch Muskelkontraktionen der Schwimmblase, die als Resonanzkörper dient. Einer der größten Krakeeler ist der Krötenfisch. Schwimmt man an ihm vorbei, klingt sein Tuten stärker als das Geräusch eines nahen einmotorigen Propellerflugzeugs.

Von menschlicher Liebe zum Fisch wie zu Katze oder Pferd kann nicht die Rede sein. »Kalt wie ein Fisch«, sagt der Mensch sogar von einem gefühlsarmen Artgenossen, und verrät damit eigentlich nur die eigene Gefühlsdistanz zu den Wasserwesen. (Fische sind übrigens nicht kalt, sondern wechselwarm, wie es in der Sprache der Zoologen heißt. Ihre Körpertemperatur gleicht sich der des Wassers an.) Aber wenn sie schon nicht das Herz des

F I S C H

Menschen erwärmen, gefallen sie doch seinen Augen, erregen durch ihre seltsame Lebensweise seine Neugier – und schmecken seinem Gaumen. Nach Getreide ist Fisch das weltweit wichtigste Nahrungsmittel des *Homo sapiens* und der Fischfang so alt wie die Menschheit. Bereits in der Steinzeit wurden Angeln gefertigt, in der Jungsteinzeit das Ruder erfunden und damit der Beruf des Fischers. Und in der Pharaonenzeit begann in Ägypten die Fischzucht mit Hilfe großer Wasserbecken. Peru-Sardelle, Alaska-Seelachs, Holzmakrele und Hering sind die meistverzehrten Tiere der Welt. So sehr denkt sich der Mensch den Fisch inzwischen als Filet oder paniertes Stäbchen, dass er in den Wasserbewohnern oft nur noch tote Nahrungsmittel, nicht mehr lebende Mitbewohner dieses Planeten sieht. Obwohl doch gerade die Lebenslust der Fische sprichwörtlich ist – »munter wie ein Fisch im Wasser« sagen wir von einem auffallend fröhlichen Artgenossen.

Warum allerdings ein besonders unternehmungslustiger Mann ein toller Hecht sein soll, ist nicht so klar, sieht man mal von der schnittigen Form dieses Tiers und seiner angeblichen Aggressivität ab. Aber dass Fische insgesamt gern mit Erotik zusammengebracht werden, hat Tradition, was vielleicht mit ihrer Form und zappeligen Beweglichkeit zusammenhängt. Allein vom Verzehren eines Fisches könnte eine Frau schwanger werden, glaubte man früher. Sicher ein willkommenes Alibi in prüden Zeiten, als schwangere junge Frauen oft in schwere Beweisnot kamen. Auch Menschen verschlingende Seeungeheuer, hässliche Megamonster und liebliche, fischschwänzige Meerjungfrauen gehören zur reichen Welt des menschlichen Glaubens und Aberglaubens. Entstanden sind sie, als die Schranke zwischen Tier und Mensch noch nicht hermetisch geschlossen war, die Ozeane den Göttern gehörten und die ersten Seefahrer beim Blick über die Reling ihre inneren Angstdämonen von den Fluten widergespiegelt bekamen.

Was später die Wissenschaft über die Fische herausgefunden hat, klingt häufig noch märchenhafter als alle alten Legenden. Ein paar Kostproben? Nur einmal in ihrem Leben halten Aale Hochzeit, reisen dafür aus Entfernungen von bis zu siebentausend Kilometern ins Bermudadreieck an. Oder: Verliert ein Anemonenfischweibchen seinen Partner, verwandelt es sich selbst in einen Mann und sucht sich eine Frau. Oder: Durch intensive Küsse, bei den Fischen heißt das aber »Maulzerren«, eröffnen viele Wasserwesen ihre Paarungsrituale. Und das große hässliche Anglerfischweibchen geht mit seinem winzig kleinen Partner ohne Übertreibung die innigste aller Mann-Frau-Beziehungen ein: Die beiden verschmelzen nämlich buchstäblich zu einem Fisch.

Doch jenseits aller dieser seltsamen Spielarten der Evolution steht der Fisch, den die Menschen schon vor langer Zeit nicht im Wasser, sondern am Himmel entdeckten: das Sternzeichen Fische. Es ist das letzte des Tierkreises und nach astrologischer Lehre das Symbol für Erlösung von Erdenschwere und für Rückkehr in die grenzenlose Freiheit des Ozeans – dorthin, wo alles Leben hergekommen ist.

STORCH

Ja, er hat wirklich ein schwarz-weiß Röckchen an, trägt rote Strümpfe, schnappt Frösche und klappert auch lustig klapperdiklapp. Nur eines stimmt nicht mehr am alten Kinderlied: Weder geht er über unsere Wiesen, noch watet er durch unsere Sümpfe, weil es Letztere heute kaum noch gibt, und die feuchten Wiesen, die er so liebt, zu arm geworden sind an Mäusen, Käfern und was er sonst noch auf seinem Speisezettel stehen hat. Nur fünf von hundert Deutschen haben einer neuen Zählung zufolge (wer zählt eigentlich so was?) schon mal einen wild lebenden Storch zu Gesicht bekommen, so selten ist der große Schreitvogel geworden.

Ausgerechnet der Schutzpatron aller un- und neugeborenen Babys fühlt sich nicht mehr wohl bei uns! Früher verkündeten es die Türmer weit über die Lande, wenn im April oder Mai die ersten Störche nach dem langen Winter am Himmel auftauchten. Gemeinsam mit ihnen kehrten ja auch Optimismus, Lebenslust und der Sommer mit seiner ganzen Seligkeit zurück. So fest vertrauten unsere Urgroßeltern der Kraft des Glücksvogels, dass wer ein Storchennest auf dem Dach hatte, sich was drauf einbildete, nämlich nicht nur vor Blitz und Brand gefeit zu sein, sondern auch vor Ehezwist und Unfruchtbarkeit.

Fromme Vögel nannte man die Störche früher, als die Tugend der Treue noch hoch im Kurs stand. In der für sie guten alten Zeit konnte man ja fast noch darauf wetten, dass sie nach den kalten Monaten eines frohen Tages wieder auftauchen würden. Zwar ist der Weg von und zu ihrem südafrikanischen Quartier, egal ob übers westliche Spanien oder die östliche Türkei, rund zehntausend Kilometer lang, aber die Sehnsucht nach der Heimat scheint für Storchenvögel schwerer zu wiegen als der Komfort eines Aussteigerlebens am Kap der Guten Hoffnung. Bis weit ins Mittelalter hielt sich auch der Glaube, die treuen Vögel befolgten das vierte Gebot (»Du sollst Vater und Mutter ehren...«) zuverlässiger als so mancher Mensch. Hatten nicht schon antike Naturforscher behauptet, sie würden ihre schwach gewordenen Eltern füttern und auf dem Rücken über die Meere gen Süden tragen?

Leider ist das nur eine fromme Mär, während die oft zitierte eheliche Storchentreue schon eher der Wahrheit entspricht. Genau betrachtet könnte das Privatleben der Störche fast auch die Lösung für menschliche Beziehungsprobleme sein. Als hätten die Vogelpaare erkannt, dass zu viel Nähe frusten kann, trennen sie sich nach ihrer intensiven Sommerliebe und starten zum Urlaub von der Ehe.

Nein, Angst um den Partner muss dabei keiner haben – außerhalb der Balzsaison gerät Storchenblut nun mal nicht in Wallung. Und melden sich allererste Frühlingsgefühle, treibt es die beiden heimwärts, den Mann zuerst. Er reist voraus, besetzt den ehelichen Horst, verteidigt ihn notfalls gegen jüngere Rivalen und klappert sich dann den langen Schnabel wund, um sein Weibchen zu rufen. Wobei er so lange betörend mit den Flügeln schlägt, bis sich Madame schließlich gnädig ins gemachte Nest setzt. So also bleibt alte Liebe jung! Nur ein kleiner Haken ist dabei: Verspätet sich die Störchin aus flugtechnischen Gründen, holt sich der Mann ein lediges Storchenmädchen ins Haus. Und dann gibt es wie in jeder guten Ehe einen Riesenkrach, wobei nicht zu klären ist, ob die Altstörchin den Mann oder nur den Platz im Nest oder vielleicht auch beides zurückhaben will. Anders als im menschlichen Beziehungsdschungel geht jedenfalls meist sie als Siegerin aus dem Dreiecksdrama hervor.
So viel zur Moral der Störche, die im Übrigen wie die meisten Vögel geradezu vorbildliche Eltern sind und sich die mühsame Aufgabe der Aufzucht gerecht teilen.

Störche sind Kulturfolger, sagen Zoologen. Als der *Homo sapiens* sesshaft geworden war, ließen sie sich in seiner Nähe nieder. Etwas lyrischer ausgedrückt: Der Storch liebt den Menschen. Und begonnen hat die Freundschaft, als unsere Vorfahren Wälder rodeten und somit rings um ihre Dörfer jene großen Wiesenflächen schufen, die dem Storch das Leben komfortabel machen. Adebar hieß er früher, ein uraltes Wort, das im Indogermanischen recht prosaisch Sumpfgänger, im Althochdeutschen aber poetisch Glücksbringer bedeutet. Der Name Storch ist jüngeren Datums, bezieht sich auf den gestelzten Gang des Vogels. Er ist schon ein komischer Vogel, unser langbeiniger Storch. Zwar ein souveräner Segelflieger, der bei guter Thermik bis dreihundert Kilometer am Tag zurücklegt, aber am Boden bewegt er sich geziert wie ein Zeremonienmeister, und beim Abheben tut er sich schwer. So ist es auch nicht, wie alte Fabeln behaupten, reine Gottesliebe, die ihn auf Kirchtürme treibt, sondern eine realistische Einschätzung der eigenen Flugtechnik: Von oben startet es sich einfach leichter.

»Da brat mir einer einen Storch«, sagte man früher als Ausdruck höchster Ungläubigkeit, so unmöglich erschien die Vorstellung, den geliebten Vogel zu töten und zu essen. Nur Heinrich VIII., König von England im 16. Jahrhundert, soll mal den Frevel begangen haben, einen Storch zu schlachten. Aber was kann man schon Gutes von einem Mann erwarten, der auch seine Frauen umbringt?

SCHLANGE

Er ist genial in seiner Einfachheit, dieser Bewegungsapparat mit seinen vielen mobilen Einheiten. Fast senkrecht kann sich das lippenlose Schlangenmaul öffnen, wie ein Höllenschlund mit doppelten oder sogar dreifachen Zahnreihen. Möglich ist der Kieferspagat, weil sich der Schlangenschädel nach oben verschieben und der Unterkiefer aushängen lässt. Auch was danach kommt, ist raffiniert gebaut: je nach Größe der Schlange bis vierhundertfünfunddreißig hochgradig gegeneinander bewegliche Wirbel und im Rumpfbereich hohle Rippen, die sich seitlich gegeneinander verschieben lassen. Dank dieser Konstruktion können sich einige Schlangenarten von Seite zu Seite winden, andere mit Hilfe kräftig entwickelter Bauchmuskeln wellenartig nach vorn schieben. Lautlos und geschmeidig geht das, und wenn es sein muss so blitzschnell, dass man nun wirklich nicht mehr von kriechen sprechen kann.

Verflucht sei die Schlange »vor allem Vieh und vor allen Tieren auf dem Felde. Auf deinem Bauch sollst du gehen und Erde essen, dein Leben lang«, heißt es in der Genesis. Die Order des über die Geschehnisse im Garten Eden erzürnten biblischen Gottes befolgt die ungezogene Schlange allerdings nur halbherzig. Nicht wie befohlen von Erde ernährt sie sich, sondern von Mäusen, Schnecken, Würmern und größerem Getier. Und unsere Verachtung für ihre spezifische Gangart hat sie bestimmt nie geteilt. Wahrscheinlich genießt sie es sogar, über feuchtwarme Erde, glatt polierte Steine oder feinkörnigen Wüstensand zu gleiten. Noch lieber aber mag eine Schlange sich in einer Erdmulde oder Gesteinsspalte zusammenrollen und reglos in ihrem Schlangesein aufgehen. Sie lebt zwar auf demselben Planeten wie wir Menschen, doch in einer vollkommen anderen Welt aus Licht und Schatten, unzähligen Gerüchen, Vibrationen und feinsten Warm-Kalt-Empfindungen. Ohren besitzt sie keine, aber über ein Sinneszentrum im Kopf kann sie kleinste Erschütterungen des Bodens wahrnehmen, das ist ihre Art zu hören. Auch ihre Sichtweise mutet uns sehr fremd an. Die Augen sind oft nur Sehschlitze, aber sehen kann die Schlange mit ihren hochsensiblen Wärmedetektoren im Kopf. Selbst ultrafeine Temperaturschwankungen von 0, 003 Grad kann sie damit unterscheiden. Und dann ist da noch ihre Zunge, eine exzellente Kombination aus Schmeck- und Riechorgan. Kaum jemals ist das Schlangenmaul geschlossen, meistens züngelt das dunkle, an der Spitze zweigeteilte Band, sammelt rundum Duftmoleküle, die ans Gaumen-

dach befördert und dort decodiert werden. Ein Höhepunkt im Schlangenleben ist die Hochzeit im Frühling oder Frühsommer. Da meist mehrere Männer zur Stelle sind, haben die Schlangenfrauen die Qual der Partnerwahl. Nicht immer kämpfen die Bewerber dann mit fairen Mitteln. Bei den amerikanischen Strumpfbandnattern tarnen sich manche als Weibchen, senden feminine Düfte aus und verwirren damit ihre Rivalen. Oft tage-, manchmal wochenlang dauert eine Umarmung von Schlangenmann und Schlangenfrau, und so fest hängen sie zusammen, dass sie sich nur sehr behutsam wieder trennen können. Nach der Befruchtung wiederholt die weibliche Schlange den Akt noch einige Male, meist mit einem neuen Partner. Sie will eben sicher gehen, dass sich die langwierigen Liebesspiele durch starke, überlebensfähige Nachkommen auszahlen.

Auf ihre Weise hat sich die Schlange also gut in der Welt eingerichtet. Doch der biblische Fluch lastet schwer auf ihr. Sie ist das von Menschen meistgehasste Lebewesen – zum Töten freigegeben. Aber in der Jahrmillionen alten Geschichte der Schlange gab es auch bessere Zeiten. Wie im Paradies lebte sie, als die Reptilien noch die Herren der Welt, die Säugetiere kleine unbedeutende Neuankömmlinge und die Menschen noch nicht erfunden waren. Ungestört konnte sie damals ihre Jagdtechniken, Giftwaffen, Paarungsrituale und ihren Körperbau perfektionieren. Aus für uns noch rätselhaften Gründen bildeten die frühen Schlangen ihre sich bereits abzeichnenden Arme und Beine zurück und entschieden sich endgültig fürs Schlängeln. Auch nach Erscheinen des *Homo sapiens* war dem Schlangenvolk noch eine lange, gute Zeit auf der Erde vergönnt. Denn zunächst achtete der Mensch die Schlange, ehrte sie als Inkarnation der Urgöttin, der Schöpferin der Erde. Mit kunstvoll gefertigten Schlangen aus purem Gold ließen sich die ägyptischen Pharaonen ihre Kronen verzieren. So geschmückt konnten sie ihr Volk und sich selbst glauben machen, sie wüssten bestens Bescheid über alle Geheimnisse des Himmels und der Erde.
Nur wenige Relikte des alten Schlangenkults haben sich bis in die heutige Zeit erhalten. Gültig geblieben ist das Symbol der Heilkunst, eine sich um den Äskulapstab ringelnde Natter. Gerechtermaßen wird der Schlange diese Ehre zuteil, denn sie kennt und beherrscht das größte aller Heilgeheimnisse: die Häutung. Die Kunst, eine alte Hülle einfach sterben zu lassen, um verjüngt wieder geboren zu werden!
Auch dass im gefürchteten Schlangengift heilende Kräfte stecken, wussten bereits die antiken Mediziner. Tröpfchenweise wird das todbringende Zeug heute in so genannten Schlangenfarmen von Hand gewonnen und von der Pharmaindustrie für Arzneien und Seren verwandt.
Dass nur fünfzehn Prozent aller Schlangenarten giftig sind, konnte den menschlichen Hass nie besänftigen. Auch die harmlosen werden gekillt, wo immer sie sich dem Menschen in den Weg stellen. Nur gut, dass wenigstens im Märchen eine Königin über die Schlangen wacht. Von der schneeweißen Schlangenqueen heißt es, sie beschenke jeden Menschen reich, der beim Gehen darauf achtet, ihrem Volk nicht auf den Kopf zu treten.

RIND

Es ist wirklich zum Wahnsinnigwerden. Da kennen sich *Homo sapiens* und Rind seit vielen tausend Jahren, wohnen vielerorts sogar Wand an Wand und sind sich doch fremder als je zuvor. Angeblich glauben inzwischen manche Kinder allen Ernstes, Kühe seien lila, was kein Wunder ist, wo uns heute auf dem Land fast nur noch leere Wiesen und Weiden angähnen. Das moderne Industrievieh lebt nämlich jahrein, jahraus im Stall, und raus kommt es nur ein einziges Mal im Leben – für die Reise zum Schlachthaus.

Wie weit sich der Mensch gefühlsmäßig vom Rind entfernt hat, verrät schon seine Sprache. Von Milchleistung, Fleisch- und Masterfolg, von Zwei-Nutz-Rind und Turbokuh ist die Rede, aber kaum noch von dem, was die Kuh zur Kuh, den Stier zum Stier macht. Nein, im Zeitalter der Rinderlende ist uns das Wissen um die Rinderseele ziemlich verloren gegangen. Wen kümmert es heute noch, wie freundlich, neugierig, zärtlich und bewundernswert gelassen Kühe sein können? Wer weiß noch um ihre Fähigkeiten wie Farben- und Orientierungssinn oder ihr geomantisches Gespür? Ganz früher war das den Menschen nicht gleichgültig, sie nutzten ihr Vieh sogar als Feng-Shui-Meister, bauten das neue Haus, die Kapelle oder ein wichtiges Grabmal dort, wo das Ochsengespann sie hingeführt hatte. Heute haben wir das alte Wissen vergessen, obwohl doch immer mal wieder so erstaunliche Dinge passieren wie erst neulich in der englischen Grafschaft Devon. Elf Kilometer weit trabte eine Kuh namens Brownie ins ihr völlig unbekannte Nachbardorf, stante pete zum Stall, wohin ihr Kalb am Tag zuvor verkauft worden war. Da behaupte einer noch einmal, Rinder seien dumm und Kühe unfähig zu trauern. Heute ist es ja üblich, ihnen ihr Neugeborenes schon wegzunehmen, bevor sie überhaupt Zeit hatten, es zu begrüßen, wozu eigentlich jede Mutter dieser Welt das Recht haben sollte.

Ja, solche Geschichten können einem glatt den Appetit auf Kalbsschnitzel verderben. Und deshalb wollen wir sie gar nicht so genau wissen, verharren lieber bei der dummen Mär vom dummen Hornvieh, das den größten Teil seines Leben blöde verdöst, bis es dann .... na ja, lassen wir das. Alles, was zwischen dem niedlichen Kalb mit seinen großen, hellbewimperten Augen und der Fleischtheke beim Metzger liegt, soll möglichst im Dunkeln bleiben. Nein, das war nicht immer so. Nicht immer haben die Menschen im Rindervolk nur Nahrungsmittel,

sondern auch Erscheinungsformen des Göttlichen gesehen – ein für uns heute unvorstellbarer Gefühls- und Gedankenspagat, aber (wahrscheinlich) mit großem Respekt fürs Hornvieh verknüpft. Ziemlich sicher war der Stier-Kuh-Kult sogar eine frühe Weltreligion, überall dort bekannt, wo die wilden Vorfahren unserer Hausrinder – Ur, Büffel und Wisent – durch Steppen, Wälder und Flussauen trotteten.

Wie Ehrfurcht gebietende Kolosse müssen die Urrinder den Menschen vorgekommen sein, in ihrer damals imposanten Größe und mit den nach oben, zum Götterhimmel gerichteten Hörnern. Einen Stier zu erbeuten galt als Gipfel des Jagdglücks und gefährliche Mutprobe für Jungs, die Männer werden wollten. Und einer Revolution kam es gleich, als die Menschen entdeckten, dass sich die göttergleichen Tiere zähmen und praktischerweise auf eine handlichere Größe herunterzüchten ließen. Wobei sich dann auch Stück für Stück der ganze Reichtum offenbarte, den sie zu bieten haben: Fleisch, Milch, Sahne, Butter, Haut und Arbeitskraft. Sogar noch im Mist der Tiere stecken wunderbare, die Erde fruchtbar machende Kräfte (vorausgesetzt, er wird sparsam auf den Boden gebracht). Eine sichere Investition waren früher die Rinderherden, mit ihrem Besitz brachte es die sesshaft gewordene menschliche Gesellschaft zum ersten Mal zu Wohlstand. Ein unbeschreibliches Gefühl nach den elend langen Magerzeiten als Jäger und Sammler!

Mit goldenen Hörnern wurde wohl deshalb der heilige Stier von Kreta dargestellt, ein Symbol für irdische Macht, die sich auf materiellen Besitz gründet. Monumentales, lyraförmiges Stiergehörn schmückte die Tore kretischer Paläste, deren Vorratsspeicher zum Bersten voll waren mit Wein, Öl, Getreide und allem, was die friedlich gesinnten minoischen Gottkönige an Schätzen angesammelt hatten. Zur gleichen Zeit meißelten fünfhundert Kilometer weiter südlich ägyptische Steinmetze wieder und wieder das Bild ihrer lieblichen, kuhhörnigen Göttin Isis auf die Tempel, als Sinnbild für Liebe, Fülle und sanfte Weiblichkeit. Auch noch der griechische Göttervater Zeus wählte als Verkleidung einen Stier (Seite 145), als er die Prinzessin kidnappen wollte, die unserem Kontinent den Namen gab. Der jüdische Religionsgründer Moses allerdings hatte mit Stier und Kuh nicht mehr viel im Sinn, fuhr mit Macht dazwischen, als seine Leute den sinnesfrohen, alten Tanz ums Goldene Kalb aufleben ließen, während er, in tiefer Meditation und Askese, auf dem Sinai die neue Lehre Gottes empfing. Seitdem ist der alte Tierkult fast spurlos von der Erde verschwunden.
Nein, auch der spanische Stierkampf ist kein Relikt, er hat sein Vorbild eher in den blutigen Schlachtorgien, die das alte Rom in seinen Amphitheatern feierte. Allenfalls in der Astrologie findet sich heute noch eine Spur menschlichen Respekts fürs Hornvieh. Dort verheißt das Frühlingszeichen Stier allen unter seinem Stern Geborenen so schöne Dinge wie Sinnlichkeit, solides Besitzdenken und Lebensfreude.

ESEL

Wer weiß, seit wann das Echo diesen Unsinn verzapft? »Esel« antwortet es beharrlich auf die Frage nach dem Namen des dummen Bürgermeisters von Wesel. Der Irrtum von der eselhaften Dummheit hält sich eben hartnäckig wie die Mär vom Starrsinn des Grautiers. In Wirklichkeit gehören Esel zu den Klügsten im Tierreich und bocken nur, wenn ihnen jemand blöd kommt, etwa Aufgaben oder Lasten zumutet, die auch für das geduldigste Langohr zu gefährlich oder zu schwer sind. Was als dickköpfig verkannt wird, ist im Grunde Ausdruck der stoischen Eselsnatur. So leicht wie sein entfernter Vetter, das Pferd, lässt sich der Esel nämlich von nichts und niemandem aus der Ruhe bringen. Und weil er dazu auch noch von großer Freundlichkeit ist, hatte der Mensch ein leichtes Spiel mit ihm, als er ihn für seine Zwecke fangen und zähmen wollte.

Nur die Stimme des Esels war (und ist) für den *Homo sapiens* eine echte Herausforderung. Mythen und Märchen jedenfalls berichten von den seltsamsten Folgen des Eselsgeschreis. Wer von den Bremer Stadtmusikanten hat die Räuber wohl wirklich mit seinem Gesang in die Flucht gejagt? Es kann nur der Esel gewesen sein. Die alten Ägypter behaupten jedenfalls, mit akustischer Hilfe ihrer Kriegsesel eine Schlacht gegen skythische Reiter gewonnen zu haben. Weil die gefährlichen Eindringlinge sowie deren Rösser die typischen Eselsrufe noch nicht kannten, stoben sie in wilder Panik davon.

Doch als der Mensch erst mal herausgefunden hatte, welche Seele von Tier hinter dem grässlichen Iah steckt, fing er Wildesel in großen Scharen und machte sie zu Haustieren. Urahnen aller heutigen Hausesel sind nubische, somalische und Atlas-Wildesel, weshalb die gemeinsame Geschichte von *Homo sapiens* und Esel ihren Anfang in Afrika genommen hat. Nur wenige unterschiedliche Rassen sind nach Jahrtausenden intensiver Züchtung herausgekommen; der ursprüngliche Prototyp hat sich bis heute gut durchgesetzt: Mittelgroß bis klein ist der Esel, von grauer bis dunkelbrauner Farbe, mit langen, beim gut gepflegten Tier seidigen Ohren, weicher Nase und empfindlichen Barthaaren, schlanken, relativ kurzen Beinen und träumerischen Augen. Das Auffälligste aber ist das Rückenkreuz: zwei zarte bis kräftig gezeichnete Farbstriche im Fell, einer quer, einer längs.

Von großen Herden mit mehr als tausend Tieren ist in altägyptischen Grabinschriften die Rede, welche die Kunde vom Reichtum des Verstorbenen für die

Nachwelt erhalten sollen. Bereits vor sechstausend Jahren war der Esel am Nil, was er bis heute in vielen Teilen der Welt geblieben ist: ein Arbeitstier. Er wurde mit prallen Säcken beladen oder mit gepolsterten Sänften, in denen vornehme Damen ihre Sandalen schonen konnten. Als Zug- und Reittier musste er in langen Karawanen auf die Schlachtfelder unsinniger Kriege marschieren. Zu viert vor den Pflug gespannt bearbeiteten Esel die Äcker, traten die Saat ein und stampften als lebende Dreschmaschinen die Körner aus den Ähren. Erst als auch Kamele in den Fuhrpark des Menschen aufgenommen wurden, blieben dem Esel lange, anstrengende Karawanenreisen erspart. Und mit der Zucht von Mauleseln und Maultieren, Kreuzungen aus Esel und Pferd, wurde er dann auch weitgehend vom Kriegsdienst befreit. Dafür kamen wenig später neue Frondienste dazu. Vergleichsweise harmlos die Milchspende für vornehme Römerinnen, die noch schöner werden wollten. Angeblich fünfhundert Eselinnen wurden fürs tägliche Milchbad der Nero-Gattin Sabina Popäa in den kaiserlichen Stallungen Roms gehalten.

Sehr viel mühevoller war der nun immer üblichere Arbeitseinsatz in Mühlen. Mit verbundenen Augen hatte der Esel ab sofort Mühlsteine zu drehen, um danach die Mehlsäcke – und oft genug auch den Müller – zum Kunden zu tragen. Die praktische Mahltechnik machte Schule in den römischen Provinzen und gelangte so nach ganz Europa. So kommt es, dass der Esel in unseren Märchen und Fabeln in erster Linie als Müllergehilfe beschrieben wird. Das Tier des kleinen Mannes also, des Arbeiters, im Unterschied zum edlen Pferd. Das erklärt, warum er zeitweilig für demütigende Strafaktionen herangezogen wurde. Bis ins 18. Jahrhundert mussten nackte Ehebrecherinnen und kleine Diebe rücklings auf einem Esel durch die Stadt reiten, unter dem schadenfrohen Gejohle aller, die sich für ehrbar hielten.

Nein, in den Pantheon der großen vorchristlichen Religionen und Mythologien hat es der Esel nicht geschafft. Aber mit seiner Bescheidenheit und großen Geduld gefiel er dem christlichen Gott, behaupten jedenfalls dessen Gläubige. Als bedeutsames Zeichen werteten es die frühen Christen, dass neben dem Ochsen ein Esel die Geburt des Herrn im Stall miterlebte. Und wählte nicht auch der erwachsene Christus einen Esel als Reittier für seinen Weg nach Jerusalem? Im vierten Buch Mose im Alten Testament bezieht Gott sogar direkt Stellung für den Esel. Als der Seher Balaam seine Eselin mehrfach mit Schlägen traktiert, öffnet der Herr den Mund des Grautiers und lässt es folgende Worte sprechen: »Bin ich nicht deine Eselin, auf der du geritten bist, von jeher bis auf diesen Tag? War es je meine Art, mich so gegen dich zu benehmen?«

Das ist von höchster Ebene her angeordneter Tierschutz – Jahrtausende vor Gründung des ersten Tierschutzvereins!

Zoologische Steckbriefe

Adler

Ordnung: Greifvögel
Familie: Habichtartige
Unterfamilie: Echte Adler

Von den Echten Adlern gibt es insgesamt 31 Arten, die in allen Teilen der Erde leben. Der im Buch abgebildete Steinadler *(Aquila chrysaetos)* ist der häufigste auf der nördlichen Halbkugel, steht aber auf der Roten Liste der vom Aussterben bedrohten Tierarten. Er lebt vor allem im Gebirge und auf offenen, waldreichen Flächen. Das Gefieder ist einfarbig dunkelbraun, nur bei jungen Vögeln sind die Flügel- und Schwanzwurzelfedern noch weiß. Die Spannweite der Flügel beträgt maximal 240 Zentimeter. Der Steinadler kann bis zu fünfzig Jahre alt werden.

Katzen

Ordnung: Raubtiere
Unterordnung: Landraubtiere
Familie: Katzen

Auffällig an der großen, artenreichen Katzenfamilie *(Felidae):* Ob groß oder klein, wild oder domestiziert – Katzen sehen sich ähnlich. Sie haben ein festes, aber elastisches Rückgrat, relativ kleine Schneidezähne, lange, spitze Eckzähne und mächtige Reißzähne. Als fintenreiche, hochspezialisierte Jäger hetzen sie ihre Beute nicht wie Hunde und Wölfe zu Tode, sondern schleichen sich an und erlegen ihr Opfer durch möglichst schnelles Zuschlagen. Rund 36 Katzenarten unterscheiden Zoologen, die wiederum in zwei Unterfamilien eingeteilt werden: Echte Katzen und Geparden. Unsere Hauskatze, aus der Unterfamilie der Echten Katzen, stammt vermutlich von der afrikanischen Falbkatze und den weltweit verbreiteten Wildkatzen ab. Katzen gehören zu den ältesten Haustieren des Menschen, doch die systematische Züchtung von Hauskatzen begann erst im 18. Jahrhundert. 1871 fand in London die erste Katzenausstellung der Welt statt.

Affe

Ordnung: Primaten

Zwei Hauptgruppen werden von Zoologen unterschieden: die Neuwelt- und die Altweltaffen. Die Affen der Neuen Welt leben hauptsächlich in Südamerika, sind relativ klein, haben eine breite Nase, lange bis sehr lange Schwänze (bei manchen ist er so etwas wie eine fünfte Hand). Zu den Altweltaffen zählen die Menschenaffen – Schimpanse (im Buch abgebildet), Gorilla und Orang-Utan. Ein wichtiger Schritt auf dem langen Evolutionsweg zu diesen hochentwickelten Säugetieren war der Übergang vom

Leben auf dem Boden zum Leben in den Bäumen. Dabei erlangten zum Beispiel Hände und Füße ihre Greiffähigkeit und hohe Beweglichkeit (der Daumen lässt sich wie beim Menschen abspreizen), was wiederum eine verstärkte Gehirnentwicklung in Gang setzte. Die Krallen verwandelten sich in platte Nägel, um die sensiblen Tastkörperchen an den Fingern besser zu schützen. Das Leben im dreidimensionalen Raum der Baumkronen brachte auch eine Perfektionierung der Augen mit sich, auf Kosten des Geruchssinns, der bei Affen aber immer noch ungleich höher entwickelt ist als beim Menschen.

Huhn

Ordnung: Hühnervögel

Die Ordnung der Hühnervögel ist mit ihren mindestens 400 Arten besonders zahlreich in der Welt vertreten. Typisch für diese Vögel sind: kräftiger Körper, kleiner Kopf, fleischiger Zierrat an Kopf und Hals und starke, sehr gut zum Laufen geeignete Beine. Zwischen Männchen und Weibchen bestehen deutliche Unterschiede: Die Männchen sind meist größer, farbenprächtiger und haben kräftigere Stimmen. Unser Haushuhn mit seiner großen Vielfalt an Rassen stammt vom Bankivahuhn *(Gallus gallus)* ab, das zur Familie der Fasanenartigen gehört. Geschätzte Zahl der Haushühner in der Welt: sechs Milliarden.

Bär

Ordnung: Raubtiere
Familie: Großbären

Die Bären *(Ursinae)* bilden eine Unterfamilie der Großbären. Die bekanntesten davon sind Braun-, Eis- und Grizzlybär. Am wenigsten von allen Raubtieren sind sie auf Jagd und tierische Nahrung angewiesen, sie ernähren sich – mit Ausnahme von Eisbären, die nur wenig pflanzliche Nahrung finden – zum größten Teil vegetarisch. Daher sind ihre Reißzähne im Vergleich zum Gebiss der anderen Raubtiere weitaus weniger entwickelt. Bären sind Sohlengänger, sie haben kräftige Krallen, können sich aufrecht hinstellen, viele von ihnen können auch gut klettern und schwimmen. Der Größenunterschied zwischen einer ausgewachsenen Braunbärin und ihren Neugeborenen ist beeindruckend: Die Mutter kann über zwei Meter groß sein, das Kleine ist bei der Geburt nicht größer als eine Ratte. Der weltweit besonders beliebte Große Panda gehört nicht zur Familie der Großbären, sondern zu den Bambusbären.

Frosch

Ordnung: Froschlurche

Zur sehr artenreichen Ordnung der Froschlurche *(Anura)* gehören unter anderem Kröten, Unken und Frösche. Typische Merkmale der Froschlurche sind die breite, gedrungene Gestalt, die oft zum Springen eingerichteten hinteren Gliedmaßen, das weitgespaltene Maul und die mit dem Körper nur locker verbundene Haut. Von den Fröschen sind in Deutschland Wasserfrosch, Grasfrosch, Moorfrosch und Springfrosch vertreten. Die meisten Frösche halten sich überwiegend am Wasser auf, einige wie der Grasfrosch auch in feuchten Wiesen. Frösche haben einen nach vorne verschmälerten Kopf mit großem Trommelfell, (die Männchen) eine Schallblase und eine zweilappige, klebrige Zunge, die beim Insektenfang blitzartig herausgeschnellt wird.

Ziege

Ordnung: Paarhufer
Unterordnung: Wiederkäuer
Familie: Hornträger
Unterfamilie: Ziegenartige

Stammform der Hausziegen sind die Wildziegen: Steinböcke, Bezoarziegen und Schraubenhornziegen. Unterscheidungsmerkmale der verschiedenen Ziegen sind vor allem Hörner und Behaarung (der Böcke). In welchem Maß welche Gruppe am Entstehen der weltweit verbreiteten Hausziegen beteiligt war, ist zwar umstritten, doch ist die Ähnlichkeit zwischen Hausziege und Bezoarziege *(Capra aegagrus)* am größten. Im rötlich-grauen Fell der Bezoarziege fällt der dunkle Aalstrich auf dem Rücken und das Schulterkreuz auf. Die Domestikation begann wahrscheinlich im 9. Jahrtausend v. Chr. Neben dem Kamel ist die Ziege das Haustier, das sich Trockenheit und Hitze besonders gut anpasst und daher auch in Halbwüsten oder Hochlagen gehalten werden kann.

Eule

Ordnung: Eulen
Familie: Eulen

Insgesamt gibt es 160 Eulenarten mit zahlreichen Unterarten. Der (auf Seite 51 abgebildete) Uhu *(Bubo bubo)* gehört zur Familie der Eulen *(Strigidae)*, die in der ganzen Welt verbreitet ist. Typische Merkmale: kurzer Schwanz, weiches Gefieder, großer Kopf, abgeflachtes Gesicht, riesige Augen, gekrümmter, teilweise mit Federn bedeckter Schnabel. Die Eulen können exzellent hören und (in der Dämmerung) sehen, sie jagen hauptsächlich nachts. Die (auf Seite 53 abgebildete) Schleiereule *(Tyto alba)* gehört zur insgesamt 14 Arten umfassenden Familie der Schleiereulen *(Tytonidae)*, ist fast weltweit verbreitet, hat als besondere Merkmale die herzförmige weiße Gesichtsmaske, verhältnismäßig kleine Augen und lange schlanke Beine.

Maus

Ordnung: Nagetiere
Familie: Echte Mäuse oder Langschwanzmäuse

Die Familie der Echten Mäuse ist die an Arten zweitreichste von allen Säugetieren. Zur Familie der Echten Mäuse gehören neben Hamster und Ratte auch unsere (im Buch abgebildete) Hausmaus *(Mus musculus* oder *Mus domesticus),* die ihrerseits in fünf verschiedenen Unterarten auf der Welt vorkommt, von denen einige nicht bei den Menschen, sondern in freier Natur leben. Typische Merkmale der Mäuse: spitze Schnauze, gespaltene Oberlippe, lange Schnurrhaare und in der Regel fast haarlose Schwänze. Im Vergleich zum Körper sind die Gliedmaßen ausgesprochen zierlich, die Füße haben fünf Zehen, die Innenzehe der Vorderfüße ist verkümmert. Körperlänge: zwischen sieben und zehn Zentimeter. Farbe: grau und graubraun. Die weißen (Albino-)Mäuse sind Zuchtformen der Hausmaus.

Hund

Ordnung: Raubtiere
Familie: Hunde

Stammvater aller mehr als 400 unterschiedlichen Rassen des Haushundes ist der Wolf *(Canis lupus).* Schäferhund, Spitz und Huskie sind dem Wolf besonders ähnlich geblieben. Nach neuesten Untersuchungen leben zahme Wölfe seit über hunderttausend Jahren in der Nähe von Menschen. Bereits auf altägyptischen Darstellungen aus dem 4. Jahrtausend v. Chr. sind unterschiedliche Hunderassen erkennbar: Windhunde ebenso wie dackelartige Tiere und Zwerghunde. Die Differenzierung der domestizierten Hunde in Jagd-, Hüte- und Wachhunde geschah vermutlich zwischen 500 v. Chr. und 500 n. Chr. Im Mittelalter begann die konsequente Züchtung moderner Hunderassen, besonders viele sind im 19. Jahrhundert entstanden.

Falke

Ordnung: Greifvögel
Familie: Falken

Es gibt 48 Falkenarten mit zahlreichen Unterarten, die meisten sind fast auf der ganzen Welt verbreitet. Sie sind Tagjäger, haben lange, spitze Flügel, und viele Arten besitzen eine messerscharfe Verlängerung am Oberschnabel, den so genannten Falkenzahn. Baum-, Turm- und Wanderfalke kommen auch in Deutschland vor. Falken nisten in Baumhöhlen oder auf Mauernischen und Dächern. Vor allem der Wanderfalke ist durch Pestizideinsatz in seinem Bestand bedroht.

Ratte

Ordnung: Nagetiere
Familie: Echte Mäuse/ Langschwanzmäuse

Die schlanke Hausratte *(Rattus rattus)* stammt wahrscheinlich aus Indien, hat sich weltweit verbreitet, ist aber heute in Europa (außer in Hafenstädten) sehr selten geworden.

Merkmale: überlanger Schwanz (oft über 20 Zentimeter), große, fast haarlose Ohren, spitze Schnauze, zarte Hinterpfoten, schwarzes, schiefergraues oder graubraunes Fell, oft ist der Bauch heller, manchmal sogar weiß. Die (im Buch abgebildete) Wanderratte *(Rattus norvegicus)* sieht insgesamt »mäuseartiger« aus: kleiner und robuster, nicht ganz so langer Schwanz, kleine behaarte Ohren, glatteres Fell. Sie stammt aus Ostasien, gelangte nach Mitteleuropa erst im Mittelalter und lebt heute in Städten, bevorzugt am Wasser (Abwässerkanäle), im Sommer auch auf Feldern. Weiße Wanderratten werden ebenso wie die weißen Mäuse für Laborzwecke gezüchtet.

Löwe

Ordnung: Raubtiere
Unterordnung: Landraubtiere
Familie: Katzen

Ursprünglich waren Löwen fast über die ganze Welt verbreitet: Südosteuropa, das gesamte Afrika (mit Ausnahme der Regenwälder und der Sahara) und Vorderasien bis Indien. Heute existieren sie nur noch (fast ausschließlich in Reservaten) in zentralafrikanischen Ländern, von den asiatischen Löwen ist ein Rest von ca. 200 Tieren in einem Reservat auf der indischen Halbinsel Kathiawar erhalten. Löwen leben in Savannen und Steppen, aber nicht, wie oft angenommen, in der Wüste. Untypisch für Raubkatzen: das deutlich unterschiedliche Aussehen von männlichen und weiblichen Tieren und die soziale Lebensform: Löwen leben in Rudeln von bis zu zehn Mitgliedern, ein bis zwei erwachsene Männchen (einer davon ist Rudelführer), Löwinnen und Junge. Auf die Jagd gehen Weibchen und Junglöwen gemeinsam. Das Revier eines Löwenrudels ist bis zu 400 Quadratkilometer groß.

Hase

Ordnung: Hasentiere
Familie: Hasenartige

Typische Merkmale der Hasenartigen: ein kurzer buschiger Schwanz (Jägersprache: Blume), lange Ohren (Löffel), verlängerte und sprunggewandte Hinterläufe. Im Oberkiefer befinden sich vier Schneidezähne, von denen das zweite, kleinere Paar hinter dem großen vorderen sitzt. Der europäische Feldhase *(Lepus europaeus)* ist in ganz Mitteleuropa verbreitet und östlich bis in den Iran. Im Norden und in europäischen Gebirgen lebt der etwas kleinere Schneehase *(Lepus timidus).* Das Kaninchen stammt vom europäischen Wildkaninchen *(Oryctolagus cuniculus)* ab, ursprünglich vor allem in Südeuropa verbreitet. Es wurde erst im Mittelalter domestiziert und gehört zu den züchterisch am stärksten veränderten Haustieren. In vielen Teilen der Erde, vor allem in Australien, leben auch verwilderte Hauskaninchen.

FUCHS

Ordnung: Raubtiere
Familie: Hunde

Der Rotfuchs *(Vulpes vulpes)* ist auf der nördlichen Halbkugel eines der bekanntesten Tiere, spielt in der Märchen- und Fabelliteratur der meisten Länder eine große Rolle. Trotz seines Namens hat er nicht unbedingt ein rötliches Fell, sondern kann (zum Beispiel in Nordamerika) auch silbrig oder schwarz gefärbt sein. Ursprünglich ist er ein Waldtier, kann sich aber den unterschiedlichsten Lebensbedingungen anpassen. Er wohnt in einem, meist selbstgescharrten, manchmal von Dachsen übernommenen Bau. Wie Hunde und Wölfe markieren Füchse regelmäßig ihr Territorium. Sie leben einzelgängerisch. Das Männchen beteiligt sich an der Aufzucht der Jungen. Jungfüchse verlassen im Alter von vier Monaten die Eltern, nur in Ausnahmefällen bleiben Familien über längere Zeit zusammen.

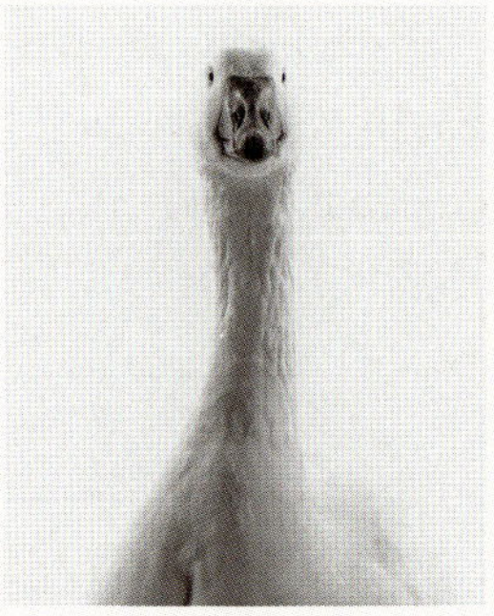

GANS

Ordnung: Entenvögel
Familie: Gänse

Unsere Hausgans stammt ursprünglich von der Graugans *(Anser anser)* ab, die wiederum zur großen und artenreichen Ordnung der Entenvögel (rund 150 Arten) gehört und in ganz Europa und Asien beheimatet ist. Gänse sind ursprünglich Wasservögel , sammeln ihre Nahrung (Wurzeln, Blätter, Früchte und Blüten) sowohl im Wasser als an Land. Vögel mit einfarbig weißem Gefieder kommen sporadisch auch unter wilden Graugänsen vor.

ELEFANT

Ordnung: Rüsseltiere
Familie: Elefanten

Elefanten kommen heute in zwei Arten vor: der in Asien lebende Asiatische Elefant *(Elephas maximus)* und der Afrikanische Elefant *(Loxodonta africana).* Die nur noch ca. 36000 Asiatischen Elefanten leben in Indien, Sri Lanka, Nepal, Sumatra; auch der früher bis nach Nordafrika verbreitete Afrikanische Elefant überlebt heute nur noch in Nationalparks südlich der Sahara. Der Asiatische Elefant ist deutlich kleiner als der Afrikanische, hat Stirnhöcker und eine graue Haut, die mit zunehmendem Alter verblasst, so dass auf dem Körper große rosa Flecken erscheinen. Der Afrikanische Elefant ist mit einer Gesamtlänge von bis zu siebeneinhalb Metern und einer Widerristhöhe bis zu vier Metern das größte landlebende Säugetier. Bei den Asiatischen Elefanten haben in der Regel nur die Bullen Stoßzähne, bei den Afrikanischen beide Geschlechter. Oft ist einer der Stoßzähne abgewetzter als der andere, weshalb Zoologen vermuten, dass es auch bei Elefanten so etwas wie »Links-« und »Rechtshänder« gibt.

Schwein

Ordnung: Paarhufer
Unterordnung: Nichtwiederkäuer.
Familie: Schweine

Das auf der ganzen Welt verbreitete Hausschwein stammt vom Wildschwein *(Sus scrofa)* ab, das ursprünglich ganz Europa, Asien und Teile Nordafrikas bewohnte. Im Unterschied zum gezüchteten Hausschwein ist das Wildschwein relativ schlank, hat lange Beine, die Rückenlinie fällt zu einem kurzen, nicht geringelten Schwanz ab. Das Winterfell besteht aus feiner Unterwolle und langen Borsten, im Frühling fällt die Unterwolle aus. Zur Familie der Schweine gehören auch Busch- und Warzenschwein. Merkmale aller dieser Tiere sind die relativ kleinen Augen, der kurze Nacken und der Rüssel. Schweine leben oft in größeren Gruppen zusammen, bei den Wildschweinen bestehen die Rotten ausschließlich aus Weibchen mit ihren Jungen.

Rabe

Ordnung: Sperlingsvögel
Familie: Rabenvögel

Der Kolkrabe gehört neben Elstern, Hähern und Krähen zur mit 113 Arten besonders großen Familie der *Corvidae* (Rabenvögel), die sich allesamt durch Intelligenz, Anpassungs- und Widerstandsfähigkeit auszeichnen und daher fast auf der gesamten Welt (Ausnahme: einige Inseln im Pazifik und Neuseeland) vorkommen. Typische Merkmale der Rabenvögel: überdurchschnittliche Körpergröße, wobei der Kolkrabe der größte ist, außerdem starker Schnabel und kräftige Beine. Die meisten haben ein graues bis schwarzes Gefieder, Männchen und Weibchen sind fast gleich groß und bilden eine dauerhafte Lebensgemeinschaft. Rabenvögel sind so genannte Kulturfolger: Sie leben gerne in der Nähe von Menschen, weil sie dessen Abfälle schätzen gelernt haben.

Pferd

Ordnung: Unpaarhufer
Familie: Pferde

Die Familie der Pferde hat zahlreiche Arten (dazu gehören zum Beispiel Zebras und Esel). Sie werden auch Einhufer genannt, da sie nur eine Zehe pro Fuß besitzen. Vorfahre heutiger Hauspferde sind Urwildpferde, die früher große Teile Eurasiens und Nordamerikas bevölkerten: Sie waren stämmiger, kleiner als unsere heutigen Hauspferde, und ihre Mähne begann meist erst zwischen den Ohren. Von den Wildpferden hat heute nur das Mongolische *(Equus przewalskii)* überlebt, und zwar ausschließlich in Gefangenschaft. Auch die nordamerikanischen Mustangs sind keine Wildpferde, sondern verwilderte Hauspferde. Durch intensive Pferdezucht sind viele Rassen entstanden, die nicht nur unterschiedlich aussehen, sondern auch für unterschiedliche Zwecke eingesetzt werden: Reit- und Fahrpferde, Arbeitspferde und Ponys.

Skorpion

Ordnung: Spinnentiere
Unterordnung: Skorpione

Die Skorpione *(Scorpiones)* haben wie alle Gliederspinnen einen mit der Brust verschmolzenen Kopf, das Kopf-Bruststück ist kurz und gedrungen, der Hinterleib dagegen mit insgesamt sieben Gliedern länger und schlanker. Mit seinen sechs Gliedern erscheint der Schwanz unverhältnismäßig lang, an der Spitze enthält er zwei Giftdrüsen, die in einen gekrümmten Stachel münden. Weltweit gibt es über 600 Arten von Skorpionen, mit einer Körperlänge von zwei bis 18 Zentimeter. Abgebildet im Buch ist ein asiatischer Riesenskorpion. Skorpione sind nachtaktiv, zum Teil lebendgebärend. Sie leben vor allem in warmen, trockenen Gegenden der Erde. Das nördlichste Vorkommen: Südtirol und Südschweiz.

Schaf

Ordnung: Paarhufer
Unterordnung: Wiederkäuer
Familie: Hornträger
Unterfamilie: Böcke oder Ziegenartige

Stammformen der heute sehr zahlreichen Hausschafrassen sind unterschiedliche Wildschafe wie Mufflon, Bergschaf und Mähnenschaf, die früher von Kleinasien bis Nordamerika verbreitet waren. Während die Urrassen einen kurzen Schwanz besitzen, haben Hausschafe einen Schwanz mit mehr als 13 Wirbeln. Die Schafzucht begann im 9. Jahrtausend v. Chr., wahrscheinlich in Vorderasien, hat sich zuerst auf Fleisch-, erst später auch auf Wollerzeugung spezialisiert. Bei den Wildschafen (Mufflons) leben Mutter und Lämmer in kleinen Herden zusammen, die Widder bilden separate Gruppen, die sich nur zur Zeit der Brunft (Oktober/November) den Weibchen nähern. Mufflons sind anspruchslose Pflanzenfresser, Mittelgebirge mit Wäldern bilden ihre natürliche Heimat.

Wolf

Ordnung: Raubtiere
Familie: Hunde

Der Wolf *(Canis lupus)* gehört zur Familie der Hunde. Früher war er in Nordamerika, Europa und in fast ganz Asien zu Hause. Von diesem riesigen Areal sind nach intensiver Verfolgung durch die Menschen nur noch wenige, unzusammenhängende Gebiete übrig geblieben, mit einem weltweiten Bestand von rund 130 000 Tieren. Nur im extrem dünn besiedelten äußersten Norden Asiens sind Wölfe weniger menschenscheu, in allen übrigen Gebieten haben sie gelernt, den Menschen zu meiden, um überleben zu können. Der Wolf ist grau oder braun, selten schwarz oder (in der Arktis) weiß, das Männchen ist größer als das Weibchen. Wölfe leben im Sommer in Familien von fünf bis 15 Tieren, im Winter schließen sich oft mehrere Familien zu einem größeren Rudel zusammen.

Taube

Ordnung: Tauben

Alle domestizierten sowie verwilderte Stadttauben stammen von der Felsentaube *(Columba livia)* ab. Die Wildform kommt im südlichen Eurasien und in Nordafrika vor. Wie die Stadttauben lebt auch die Felsentaube in Gruppen. Ihr bevorzugtes Domizil: Meeresklippen oder – im Binnenland – felsige Anhöhen. Sie ernährt sich von Samen, Schnecken und anderen Weichtieren. Die Nester werden gelegentlich in Baumhöhlen, häufiger auf geschützten Felsvorsprüngen gebaut. Die Paarung mit ihrem differenzierten Vorspiel aus Gurren, Kopfnicken und Verbeugungen findet das ganze Jahr über statt.

Fisch

Klasse: Knochenfische

Nur der Artenreichtum der Insekten übertrifft noch den der Fische: Von ihnen sind heute rund 25000 Arten bekannt, wobei die Bewohner der Tiefen noch keineswegs alle erforscht sind. Trotz der kaum noch zu übersehenden Vielfalt gibt es gemeinsame Merkmale: Fische sind wechselwarm (die Körpertemperatur passt sich der Umgebung an), leben ganz oder teilweise im Wasser, haben eine gut entwickelte Muskulatur und einen symmetrischen Körper, der mit Schuppen oder Platten bedeckt ist. Die Atmung erfolgt, mit nur ganz wenigen Ausnahmen, über die Kiemen. Die paarweise angeordneten Bauch- und Brustflossen entsprechen den Gliedmaßen von landbewohnenden Wesen. Daneben gibt es bei vielen Arten auch eine Rücken- oder Schwanzflosse. Mit Ausnahme von Knorpel- und Plattfischen verfügen die Wasserbewohner über eine Schwimmblase, die ein relativ müheloses Schweben in verschiedenen Wassertiefen ermöglicht. Abgebildet im Buch: Segelschilderwels (kann bis zu 30 Jahre alt werden) und der Kopf eines Pfauenaugenbuntbarsches.

Storch

Ordnung: Schreitvögel
Familie: Störche

Von den 19 Storcharten zählt der (im Buch abgebildete) Weißstorch *(Ciconia ciconia)* bei uns zu den beliebtesten Vögeln überhaupt. Heute ist er vor allem noch in Osteuropa zahlenmäßig gut vertreten, in Deutschland dagegen, durch die systematische Trockenlegung von Feuchtgebieten, selten geworden. Störche sind ursprünglich Waldbewohner, lassen sich aber gern in der Nähe der Menschen nieder. Ihre Nester bauen sie auf Bäumen, Häusern und Türmen. Das Weibchen legt ein bis sieben Eier, beim Brüten wechseln sich die Eltern ab. Typisch für Störche ist das Begrüßungsklappern: Dabei werfen sie den Kopf zurück und wenden den Schnabel voneinander ab, als Geste der Beschwichtigung. Störche sind gute Segler, weshalb sie für ihre jährliche Reise nach Afrika Routen wählen, die größtenteils über Land führen.

Schlange

Ordnung: Schuppenkriechtiere
Unterordnung: Schlangen *(Serpentes)*

Die Schlangen gehören zur großen Gruppe der Kriechtiere (Reptilien). Ihre gemeinsamen Merkmale sind: gestreckte Gestalt, keine Vorderbeine, nur bei manchen Arten Rudimente von Hinterbeinen (Sitzbeine und verkümmerte Fingerteile), derbe, feste Haut mit verhornter Oberhaut, die Schuppen oder Platten bildet. Sie haben keine Augenlider, was ihnen den merkwürdig hypnotischen Blick verleiht. Die senkrechte Pupille ist oft schlitzförmig, die Iris prächtig gefärbt. Typisch ist auch die lange, zweizipfelige (gespaltene), bewegliche Zunge, die wahrscheinlich gemeinsam mit der gesamten Rachenhöhle gleichzeitig als Riech- und Geschmacksorgan dient. Insgesamt rund 2500 Arten werden zu den Schlangen gezählt. Ihre Länge reicht von etwa 15 Zentimeter bis zu zehn Metern. Abgebildet im Buch ist ein Königspython, eine relativ kleine, ungiftige Würgeschlange. Das berühmte Schlangengift der (nicht sehr zahlreichen) Giftschlangenarten dient nicht nur der Verteidigung und Tötung von Beutetieren, sondern auch der Verdauung.

Rind

Ordnung: Paarhufer
Familie: Hornträger
Unterfamilie: Rinder

Es gibt 15 Arten der Unterfamilie Rinder – darunter der nordamerikanische Bison, der afrikanische Kaffernbüffel, das tibetische Yak und der asiatische Wasserbüffel. Die Wildformen der Rinder werden heute zwar geschützt, sind aber insgesamt stark gefährdet. Der amerikanische Bison beispielsweise konnte nur durch aufwändige Schutzmaßnahmen gerettet werden, der Bestand von ca. 80 000 Tieren steigt langsam wieder an. Der Vorfahre unseres Hausrinds, der Auerochse, dagegen wurde vor etwa fünfhundert Jahren ausgerottet; bisher ist es auch nicht gelungen, ihn durch Rückkreuzungen wieder »herzustellen«. Typische Merkmale für die meisten Rinder: glatte Hörner bei beiden Geschlechtern, haarlose Schnauzenspitze, schöne große Augen.

Esel

Ordnung: Unpaarhufer
Familie: Pferde

Der Hausesel *(Equus africanus f. asinus)* stammt von afrikanischen Wildeseln ab, von denen es heute noch drei Unterarten gibt: den Nubischen Wildesel, den Nordafrikanischen und den Somali-Wildesel. Sie werden bis zu 120 Zentimeter groß, sind grau- bis sandfarben; beim Nubischen Wildesel ist das Schulterkreuz besonders deutlich ausgeprägt. Seit ihrer Domestizierung (ca. 4000 v. Chr., vermutlich in Ägypten) sind viele unterschiedliche Rassen entstanden, vom Zwergesel (unter 105 Zentimeter) bis zum großen Poitou-Esel (bis zu 150 Zentimeter). Kreuzungen von Pferd und Esel sind möglich: Eselhengst und Pferdestute sind die Eltern von Maultieren, Pferdehengst und Eselstute von Mauleseln.

Bibliografie

Annette Arnold, René Reibetanz: *Alles für das Schaf,* Darmstadt 1998

Aus Noahs Arche, Tierbilder der Sammlung Mildenberg aus fünf Jahrtausenden, Mainz 1996

Einhard Bezzel: *Greifvögel,* Augsburg 1996

Anne Enderlein (Hrsg.): *Häschen aus der Tube, Geschichten von Meister Lampe und anderen Rammlern,* Berlin 2000

Wolfgang Epple: *Rabenvögel,* Karlsruhe 1997

J. Gaisler, J. Zejda: *Enzyklopädie der Säugetiere,* Hanau 1997

Daniela Garavini u. a.: *Das Schwein,* Köln 1999

Gerbert Grohmann: *Lesebuch der Tierkunde,* Stuttgart 1982

James L. Gould, Carol Grant Gould: *Bewusstsein bei Tieren,* Heidelberg 1997

M. Gleich, D. Maxeiner, M. Miersch, F. Nicolay: *Life Counts, eine globale Bilanz des Lebens,* Berlin 2000

Jane Goodall: *Grund zur Hoffnung,* München 1999

Wilhelm Georg Heckmann: *...des Pudels Kern,* Münster 1987

Bernd Heinrich: *Die Seele der Raben,* Frankfurt/M. 1994

Jürgen Körner: *Bruder Hund & Schwester Katze,* Köln 1996

Kristin von Kreisler: *Beherzte Tiere,* München 1999

Paul Leyhausen: *Katzen-Seele,* Stuttgart 1996

Ursula Licht: *Liebenswertes Langohr,* Cham/Schweiz 1998

Claus-Peter Lieckfeld: *Rinaldo ist ein Esel,* Hamburg 1996

Jeffrey M. Masson: *Hunde lügen nicht,* München 1997

Desmond Morris: *Horsewatching,* München 1997

Michael Miersch: *Das bizarre Sexualleben der Tiere,* Frankfurt/M. 1999

Eugene S. Morton, Jake Page: *Animal Talk, die Sprache der Tiere entschlüsselt,* München 1998

Heide Platen: *Das Rattenbuch,* München 1999

Gareth Patterson: *Löwenleben,* München 1998

Eckart Pott: *Vögel,* Stuttgart 2000

Hanna Rheinz: *Eine tierische Liebe,* München 1994

Frank Rivers: *Die Weisheit der Eulen,* Berlin 1998

Wolf-Dieter Storl: *Berserker und Kuschelbär,* Braunschweig 1992

Rudolf Schenda: *Das ABC der Tiere,* München 1995

Francesco Santoianni: *Von Menschen und Mäusen,* München 1998

Hans Späth, Otto Thume: *Ziegen halten,* Stuttgart 1997

Hans-Albert Treff (Hrsg): *Bärenstark,* München 1995

Twyman L. Towery: *Die Weisheit der Wölfe,* München 1999

Krystyna Weinstein: *Eulen, Vögel der Nacht in Kunst und Kultur,* Freiburg i. Br. 1988

Dr. Philip Whitfield (Hrsg): *2000 Tiere, das große, illustrierte Tierlexikon,* London 1999

Erik Zimen: *Der Wolf,* München 1990